贵州民族学院学术文库

脆弱生态地区传统知识的发掘与利用

——麻山个案的生态人类学研究

CUIRUO SHENGTAI DIQU CHUANTONG ZHISHI DE
FAJUE YU LIYONG

杜 薇 著

西南交通大学出版社

·成都·

图书在版编目（ＣＩＰ）数据

脆弱生态地区传统知识的发掘与利用：麻山个案的生态人类学研究 / 杜薇著. —成都：西南交通大学出版社，2011.6
（贵州民族学院学术文库）
ISBN 978-7-5643-1213-8

Ⅰ. ①脆… Ⅱ. ①杜… Ⅲ. ①人类生态学－研究－望谟县 Ⅳ. ①Q988

中国版本图书馆 CIP 数据核字（2011）第 112734 号

贵州民族学院学术文库

脆弱生态地区传统知识的发掘与利用
——麻山个案的生态人类学研究

杜 薇 著

责 任 编 辑	吴　迪
特 邀 编 辑	梁　红
封 面 设 计	墨创文化
出 版 发 行	西南交通大学出版社 （成都二环路北一段 111 号）
发 行 部 电 话	028-87600564　87600533
邮 政 编 码	610031
网　　　址	http: //press.swjtu.edu.cn
印　　　刷	成都蓉军广告印务有限责任公司
成 品 尺 寸	170 mm×235 mm
印　　　张	11.375
字　　　数	250 千字
版　　　次	2011 年 6 月第 1 版
印　　　次	2011 年 6 月第 1 次
书　　　号	ISBN 978-7-5643-1213-8
定　　　价	30.00 元

序

杜薇出版专著，让为其写序，时限一个星期。

记得她攻读博士至第四个年头，突然有了紧迫感，意识到拖下去成本太高，于是收下心来，回到学校，整理资料，埋头写作，两天一稿，三天一讨论，效率之高，在我的学生中，实属罕见。从硕士到博士带了她7年，最后才领教到她过人的才华和骤然发飙的能力。现在"突然袭击"命写序言，须知导师并不具备她那一挥而就的本领，不过出书毕竟难得，所以还得放下手上的事，尽力为之。

杜薇所著《脆弱生态地区传统知识的发掘与利用——麻山个案的生态人类学研究》一书，系在其博士论文的基础上修改而成的。再次读来，甚感亲切。

对于生活在城市和富饶之区的人们而言，很难想象喀斯特地貌石漠化地区人类生存的艰难困苦。那里地貌破碎，乱石嶙峋，土壤匮乏，水源稀缺，所谓"石漠"即"石头的荒漠"。20年前，作者曾带领一批学生去往云南东南喀斯特山地调查一个深山里穴居洞处的村庄——峰岩洞，深入观察和体验了穴居生活，并和村民们一起在石头旮旯里种玉米，远行数里挑回浑浊的泥塘水饮用，其生境之恶劣、生活之艰辛令人刻骨铭心！今年春节期间又去了那一带的几个村庄，其中一个村庄为上海重点帮扶的对象，是当地政府着力打造的示范村。村里盖了漂亮的村委会楼房，修筑了平坦的水泥路，所有农家的墙面被粉饰一新，村容的变化让人振奋。然而困扰村民的两大问题——缺水、少地——却依然难以解决。"示范村"并没有成为"宜居村"。村民们谈话间仍然流露着无奈与悲观："盆地人的希望在田野上，而我们的希望是在孩子身上。"其意思是穷山恶水的家乡没有希望，再穷再苦也要让孩子上学读书，期盼他们毕业后在外地找工作把父母接出去，只有这样才能彻底改变命运，永远脱离苦海。众所周知，我国是当今世界生态和环境问题比较严重的国家之一，在陆地面积960万平方公里的范围内，所谓"脆弱生态地区"占了三分之二以上。其中，喀斯特地貌石漠化山地广布于贵州、云南等省区和广西壮族自治区，面积多达数十万平方公里，其间生活的各民族人口少说也有数百万。毫无疑问，无论是自然科学还是社会科学，无论是理论研究还是应用研究，喀斯特地貌石漠化山地人类的生存和发展都是必须关注的重大课题。不过，对于人类学生态研究而言，石漠化生境及人类生存的研究却极具难度和挑战性。迄今为止，国内外生态人类学者对于海洋、草原、森林、湿润山地以及河谷平原等生境的人类活动已有大量研究，然而喀斯特山地的研究却很少，原因何在？根据我的经验，如果自然环境过于恶劣，人们不能实行定居和群居，那么相应的制度、法规乃至伦理、宗教便难以形成和完善；如果自然资源过于贫乏，人们享受不到可以长期利用并赖以生存的自然资源，那么相应的技术、知识等也便难以产生和积累。而且，人类的生境一旦退化为荒漠或沙漠，其文化也将面临灭顶之灾，很难避免支离破碎甚至灰飞烟灭的命运。按常识，人类学者从事研究，通常不会去选择不具文化特征或缺少文化内涵的田野。就像人们不指望贫瘠的土地和荒漠会生长茂盛的庄稼一样，学者们也不奢望文化浅薄和荒凉的田野会产生人类学的杰作。杜薇深知这一点，当初犹疑再三：是应该把调查研究的难易和个人追求成功摆在首位，还是应该把时代赋予的使命和人文关怀摆在首位？最终她选择了后者，选择了麻山，义无反顾地走进了石漠化的原野，4年多的磨难，成就了心血之作。

生态人类学不同于人类生态学，更不同于自然科学的多种生态学，其根本的不同，就在于它的文化视角。运用文化相对论观点，从主位的角度，调查研究他者适应自然环境的传统知识，是生态人类学基本的研究方法。最近出现了这样的观点：文化适应和传统知识的研究是生态人类学早期阶段的关注点，在全球化和市场化的背景下，那样的研究已显陈旧，难以适应当下的势态了。诚然，社会文化迅速变迁，学术研究的理论方法也必须与时俱进，否则将不可避免落伍淘汰的命运。不过，文化适应和传统知识的研究却并非如此，其学术和现实的意义尚不可小视。例如，在大量生态悲剧产生的诸因子当中，忽视民众参与及其传统知识就是一个普遍存在的重要原因。何况，传统知识作为文化遗产，还迫切需要发掘和抢救。出于对当代中国文化生态的真切理解，杜薇仍然把麻山苗族的生态适应和传统知识作为考察和研究的重点，为此不遗余力。不过，值得注意的是，杜著对传统知识的态度。杜著对麻山苗族传统知识的发掘整理，既有现实的关照，又有历史的追溯；既对传统知识的价值予以充分的肯定，又能客观地指出其时空的局限性。而且，在作者的眼里，所谓的传统知识并非是某一固定时空的、僵化的、一陈不变的遗存物，而是人们在适应自然环境、与自然环境互动的过程中不断创造、发明、改良、积累的知识。由于人与自然的互动过程永远不会完结，因此传统知识也必然是一个不断创造、不断吸收外来文化和现代文明、不断再生、不断完善和发展的过程。这样的认识和观点，对于当前适应和传统知识研究所表现出的"绝对肯定"和"绝对否定"两种取向而言，可谓点到了它们的死穴，使人如沐春风，豁然开朗。也正因为如此，文化适应和传统知识的意义和价值才有可能得到超出学界的广泛认可，才有可能在现实的脱贫解困、发展经济以及生态环境和生态文明建设的事业中发挥作用。

回顾国外生态人类学的发展，大致经历了两个阶段：第一阶段学者们大都关注比较封闭的地域和族群，进行比较单纯的适应性、功能性以及进化的研究；第二阶段则把眼光更多地投向开放的世界，在全球化、市场经济和政治、社会、文化等相互影响的复杂网络中，对文化和环境及其变迁进行解释和构建。前者如20世纪70年代以前朱利安·斯图尔德对大盆地肖肖尼印第安人的研究、埃文思·普里查德对努尔人的研究、马文·哈里斯对印度圣牛的研究、哈若德·康克林对刀耕火种的研究、罗伯特·内廷对阿尔卑斯村落生态系统的研究等，后者如20世纪80年代以后冠之以"环境人类学"的数量众多的研究。目前中国学界大凡论及生态人类学和环境人类学，必奉西方为圭臬，而且断言中国尚处于"探索阶段，尚不成熟"云云。其实，经过30年的探索和发展，中国的生态人类学研究已成气候，不仅成果众多，而且还形成了自己的特点。例如西方走的是从生态人类学向环境人类学转型的发展模式，而中国学者则从一开始便将历史与现状、传统与发展、地域与国家以及文化涵化与变迁等统合起来进行研究，这样的整合、系统、动态的视野和方法，在云南、贵州、湖南、内蒙古、新疆、北京等地的学者的著作中显而易见。譬如杜薇的著作，就是一个生态人类学与环境人类学综合研究的结果。环境人类学重视政治生态学的分析，杜著具有同样的理念，充分注意到了国家及其政策的作用和影响。麻山的案例让我们看到，在国家及其政策的主导下，那里苗族的生境、生计、文化等所发生的深刻变化。杜著对若干变化所带来的消极、负面的影响进行了深刻的反思，进而强调要使民众脱贫至富，要实现社会、经济、文化、生态的和谐和可持续发展，就必须充分调动和激发社区和民众的积极性，重视其话语权，努力建立在政策制定的过程中社区和民众参与的保障机制。

以上是作者从自身的经验和思考出发，表达了对杜著的赞赏。不过，我们知道，一项杰出的研究如果具备了前沿性的理论、独到的观点和可行的方法之后，那么成败的关键便取决于田野资料了。对于喀斯特地貌石漠化地区人类活动的研究，麻山只是一个个案，而且应该说还只是一个初步的个案。理想的研究，也许不能缺失横向的比较。如果研究的视野能够覆盖整个石漠化地域，能够面向不同族群多样性的适应与传统知识，能够从更大的背景和时空观察国家、政策、市场、不同文化的影响以及文化生态的变迁的话，那么结果肯定就会大不一样了。当然，在个案的基础上进行横向深入的比较研究，需要有更多的时日和投入。这一点杜薇自然清楚，相信今后她会在其过人的才华和骤然发飙的能力中多注入一些沉静和坚韧，不骄不躁、从容淡定地续写石头世界的故事，完成她未尽的事业。

尹绍亭

2011 年 6 月

前　言

脆弱生态区作为一种地域类型,是自然地域中具有内在不稳定性、在外界胁迫因素干扰下极易遭受损害并难以复原的区域。我国的脆弱生态地区面积广大,集中分布在少数民族聚居的西部边疆地区。长期的人为不当干扰和破坏,人口的快速增长和不合理的资源开发活动,造成了广大脆弱生态区人地关系紧张、生态恶化和经济贫困交织重叠。如何使脆弱生态区脱离发展困境,走向人与自然和谐的可持续发展之路,不仅是我国面临的重大现实问题之一,也是目前学术界关注的焦点话题和研究领域。但是,目前的研究关注脆弱生态环境的自然地理生态特征较多,往往忽略了脆弱生态地区少数民族的文化运行特点,很难全面反映脆弱生态环境与生活在其中的少数民族之间的复杂互动和交互影响。

本书选取了位于我国西南岩溶脆弱生态区的贵州省麻山苗族地区作为田野调查点,采取时间上的纵向角度,参照环境史的方法,将人类学中传统知识的研究视角与我国西南岩溶脆弱生态地区的生态治理和生态建设联系起来,集中关注麻山苗族与岩溶山地脆弱生态环境之间的关系变迁。一方面,继承了人类学关注文化的传统,发掘整理苗族传统文化中与岩溶脆弱生态环境相适应的文化特质,从麻山苗族的居住、生计方式、丧葬习俗等方面考察了这些文化特质对自然生态环境的适应,又从主种作物的变迁、饮食尚好、节日习俗变迁等方面考察了麻山苗族与外界的联系和互动不断加强,并逐渐对自然生态环境构成冲击的过程;另一方面,突出了生态人类学作为一门交叉学科的现实关照取向,直面现代社会经济条件下,国家实施的各项农业、环境政策在当地的深远影响,考察扶贫、生态移民、坡改梯以及小水窖工程等国家主导的生态建设措施在当地的实施过程,并且对相关政策的成败得失进行了分析和总结。从历史文化、国家政策和现实生活等方面对麻山个案进行理论探讨与分析,并且,在借鉴国内外利用传统知识进行自然资源管理的相关案例的基础上,通过与其他脆弱生态地区的发展经验的相互比较,分析了传统知识与生态变迁之间的互动关系,深入讨论了传统知识和社区参与在脆弱生态地区资源管理中不可替代的价值和意义。

通过对麻山个案的研究,作者认为传统知识的发掘和利用应该立足于脆弱生态地区的自然生态系统特征,同时加强与现代科学知识的相互吸纳和转化。进而提出了在脆弱生态地区的生态建设和可持续发展中应该遵循的四项对策性原则：立足并尊重当地自然生态系统的特征和运行规律；尊重传统知识，合理利用传统知识；充分利用现有的各种科技手段和知识；强调社区参与，尊重当地群众的知情权和选择权。

全书由五章组成，分别是第一章：传统知识视角下的脆弱生态区；第二章：麻山的自然与历史概况；第三章：麻山苗族传统知识及其生态适应；第四章：麻山当代发展进程中传统知识的缺失；第五章：传统知识的发掘与利用。该书将人类学中传统知识的研究视角与我国西南岩溶脆弱生态地区的生态建设和可持续发展联系起来，以麻山苗族与岩溶脆弱生态环境之间的依存关系为例，揭示影响脆弱生态地区生态问题酿成的文化成因，探寻脆弱生态地区生态建设的文化对策，寻求促进脆弱生态地区发展和生态建设的文化路径。在举国上下进行生态文明建设和实践科学发展观的今天，具有较强的理论和现实意义。

本书的出版得到了贵州民族学院学术出版基金的资助，相关的田野调查受益于 2007 年立项的福特基金项目"中国西部各民族地方性生态知识发掘、传承、推广及利用研究"（RLER），作为国家民委人文社会科学研究基地"贵州世居民族研究基地"的研究人员，在书稿的整理出版阶段，也获得了来自贵州世居民族研究基地提供的大力支持。西南交通大学出版社的黄淑文编辑也为本书的顺利出版付出了艰辛的劳动，特此致谢。同时，作为作者思考西南石漠化民族地区民族文化发展与生态环境保护与治理的阶段性想法，尽管经过多次修改，疏漏之处在所难免，敬请读者批评指正，不胜感激。

杜　薇

贵州民族学院人文科技学院

2011 年 3 月

目　录

第一章 传统知识视角下的脆弱生态区

第一节 问题的提出

脆弱生态区作为一种地域类型，是自然地域中具有内在不稳定性、在外界胁迫因素干扰下极易遭受损害并难以复原的区域。2006 年，由国家环保总局发布的《中国生态保护》在显要位置指出："由于中国人均资源相对不足，地区差异较大，生态环境脆弱，生态环境恶化的趋势仍未得到有效遏制。在经济社会快速发展的情况下，中国生态环境面临着更大的压力，一些生态和环境问题将更加突出。中国生态保护存在的首要问题就是生态环境脆弱，中国干旱、半干旱地区，高寒地区，喀斯特地区，黄土高原地区等生态环境脆弱区占国土面积的 60%以上，这些区域对人类的经济社会活动较为敏感，容易出现退化现象。"①

我国的脆弱生态地区面积广大，集中分布在西部和边疆地带，是少数民族的传统居住地。据统计，全国大约有大小不等的 100 个生态环境极脆弱区，210 个生态环境脆弱区和 90 个生态环境较脆弱区。其中 100 个生态环境极脆弱区多数位于我国"老少边穷"地区。②从历史上看，这些地区都经历了漫长的人类开发过程，积累了许多的生态环境问题。从地理结构上看，这些脆弱生态区都位于我国江河源区和地形第一阶梯，如果不对这些地区的生态环境问题加以认真治理，不仅会严重制约西部地区社会经济的健康发展，妨碍全面建设小康社会和现代化宏伟目标的实现，而且还会通过大气环境和江河的水气循环，影响我国中、东部江河中下游地区的生态环境安全和全国的可持续发展，堪称全国可持续发展的"心腹之患"。③

在社会经济空间格局中，脆弱生态区大都地处偏远，社会环境封闭，科技文化落后，长期处于自给自足的自然经济状态，对环境资源高度依赖。较

---

① 国家环保总局：《中国生态保护》，《环境保护》，2006（11），第 18—25 页。
② 叶岱夫《我国环境八成以上受破坏》，载《环境》，1997（8），第 37 页。
③ 孙鸿烈、董锁成：《西部大开发应注意的生态环境问题与对策》，载《生态环境与保护》，2003（9），第 22 页。

之其他地区，人地关系密切但十分脆弱。一方面，由于生态环境脆弱，土地承载力低，难以承受长期大规模的利用干扰；另一方面，由于人口增长迅速，社会需求增加，生产不断以简单外延方式扩大，土地利用的规模、强度及其产生的环境干扰与胁迫日益增强，这不仅使区域环境的自然结构发生重大改变，景观多样性消失，生态功能及其稳定性弱化，而且也使环境资源的再生能力消退，生产的资源基础被瓦解，地区经济长期陷入低水平循环，人均收入日趋减少。于是，贫困作为脆弱生态区居民的生存状态，构成了与脆弱生态环境相伴生的社会现象，两者在空间分布上呈明显的地理耦合。① 同时，作为目前世界上经济发展最快的发展中大国，20 世纪 50 年代以来长期大规模的资源开发和工业化建设使得这些区域出现较严重的环境生态退化，长期的人为不当的干扰与破坏，人口的快速增长和不合理的经济活动，造成了我国"环境透支"和"生态赤字"，使得生态环境恶化与贫困联结在一起，诸多脆弱生态区生态恶化、经济贫困交织重叠。不少脆弱生态地区长期陷入了"贫困—人口增长—环境退化"的恶性循环②，极大地危害了我国的社会稳定与和谐发展。

因此，脆弱生态区的发展问题成为目前我国面临的最为紧迫的重大现实问题，"如何使脆弱生态区走出发展困顿，迈向人与自然和谐的可持续发展之路"成为一切有识之士的共同忧虑，也成为学界共同关注的重大话题和热门研究领域。③ 生态学、地理学、植物学、环境化学、林学、土壤学、农学、灾害学、气候学、资源管理学、环境学、环境经济学、环境史学、环境法学、环境社会学、发展经济学等学科都从各自的理论和视角对脆弱生态区进行了广泛的调查和深入的研究，取得了一系列的研究成果，推动了国家政策的制定和广大民众环境意识的增强。与此同时，国家也陆续出台了一系列的法律、法规来督促治理和修复脆弱生态区，如积极推行退耕还林还草、退牧还草、封山育林、建立自然保护区，实施生态移民等，旨在恢复和改善生态环境，保护生态安全，并预防脆弱生态区的继续破坏，促进生态与经济的协调发展。

然而，虽然国家对脆弱生态区加强关注和扶持，但这些地区的生态建设仍出现了一些让人不解的现象，比如：有的地方年年造林却不见林；有的地方强行砍掉农民正处于挂果期的果树，只为了能够栽种符合统一规划的树种；政府修建的移民新村却被老百姓长期弃置，空无一人……如此等等，不一而足。毋

---

① 李军、蔡运龙：《脆弱生态区综合治理模式研究》，《水土保持研究》，2005（4），第124-127页。
② 又称"PPE"怪圈，指贫困（Poverty）、人口（Population）和环境（Environment）之间形成的一种互为因果的关系。更确切地说，是指"贫困-人口增长-环境退化"的恶性循环
③ 李军、蔡运龙：《脆弱生态区综合治理模式研究》，《水土保持研究》，2005（4），第124-127页。胡修卓等：《脆弱生态环境的保护整治及修复策略》，《河南气象》，2006（4），第10-11页。

庸讳言,在这些地区采取的经济和生态建设措施取得了一定的成效,但是也存在着相当多的问题,没能达到预期的目标,迫切需要从指导理论上进行反思。而目前关于脆弱生态地区的研究成果大量集中在自然科学领域,仅仅关注脆弱生态环境的自然地理生态特征,或者单方面关注这些脆弱生态区可持续发展指标的建立,往往忽略了脆弱生态区少数民族的文化运行特点,很难全面反映脆弱生态环境与生活在其中的少数民族二者之间的复杂互动和交互影响。从事社会科学研究的学者们虽然也有对这些地区少数民族文化适应于当地生态环境的相关习俗的调查与记录,注意到脆弱生态区的自然地理特征对少数民族发展的制约与限制,却很少意识到少数民族及其传统文化在脆弱生态地区建设中不可替代的价值与意义。这种状况急需改善,应该加强从人文社会科学的角度对脆弱生态地区进行深入研究,以推动脆弱生态地区的发展。

人类学历来就关注人类、国家和地区的发展与建设中面临的各种重大问题,自然也应该从自己的学科立场出发,积极探索脆弱生态地区的人与自然的关系。关注脆弱生态区,既有助于国家的生态建设,意义重大,又能够与生态人类学关注人、自然、文化的学术传统一脉相承,探求人与自然、文化之间的多样化关系及其背后的规律,为脆弱生态区的研究与实践提供理论参照。

正是带着对上述问题的关注和思考,作者将人类学中传统知识的研究视角与我国西南岩溶脆弱生态区的生态治理和生态建设联系起来,从人类学的角度考察岩溶脆弱生态区,最终将研究重点放在了历史积淀深厚,当前却面临严重的石漠化现象、生态问题和贫困问题交织的贵州省麻山苗族地区,希望能够通过发掘苗族传统文化中适应于生态环境的习俗和文化,总结麻山苗族的传统知识,探讨麻山苗族与岩溶脆弱生态环境之间的依存关系,并且探讨国家的经济开发和生态建设对当地社区的影响以及引发的传统知识的变迁,为脆弱生态区的发展和生态建设寻找到可能的文化路径。

第二节 当代中国脆弱生态区研究的回顾

一、对脆弱生态环境的不同理解

当代中国关于脆弱生态区的研究很多,关注点各不相同,研究手段也各异,回顾、梳理学术界对脆弱生态环境的不同理解,了解其分布与类型,有助于我们找到改进当前研究的突破点。

目前自然科学界对脆弱生态环境存在着三种不同的理解和认识。

第一种是从自然属性来理解，认为生态系统的正常功能被打乱，超过了弹性自调节的"阈值"并由此导致反馈机制的破坏，系统发生不可逆变化，从而失去恢复能力的生态环境，称为"脆弱生态环境"。显然，这是一种纯自然的理解。人为作用的干扰已经改变了或正在改变着地球表面几乎所有地域的生态环境，出现了一个已经变化了的系统，生态学上称之为"多样化减少的系统"或者"简单化的系统"，其中包括物种的减少或改变，通常产生的新植物群体生物量均有不同程度的减少。由于人为作用的影响，在某些工业城镇或重要的农业区域，若干重要的环境成分，如物种、土壤和水分、空气质量等已经不同程度地发生了变化。按纯自然的理解，这些地域也应该属于脆弱生态环境。

第二种属自然—人文理解，认为当生态系统发生了变化，以致影响当前或近期人类的生存和自然资源利用时称为"脆弱生态环境"。这种理解把"人地关系"系统视为一个静态的、封闭的系统，从中去探求系统内部的自然因素和人文条件的变化及其后果。它忽略了来自地区以外的可能投入、技术上的变化、经济活动的替代性以及环境退化对区域以外的影响。

第三种属人文理解，认为当生态环境退化超过了在现有社会经济和技术水平下能长期维持目前的人类利用和发展水平时，称为"脆弱生态环境"。也就是在保持和增大人类利用环境的程度和规模的条件下，可以通过经济、技术改革和调适，或外来资源和向外输出来缓解环境退化和资源耗竭。

除了这三种常见的理解之外，杨庭硕在《人类的根基——生态人类学视野中的水土资源》一书中从民族文化的角度强调应该重视民族文化与生态系统脆弱性之间的相互关系。将脆弱生态系统理解为："一种特定的民族文化作用于它所不适应的生态系统时，该生态系统的年均生命物质产出率会明显下降，抗干扰能力随之降低，对干扰表现出较强的敏感性和较弱的自我调节能力，受损后自我恢复难度较大，由此，对该种民族文化而言，这一生态系统即是该种文化所理解的脆弱生态系统。"[1]

上面的这几种理解，各有所侧重。显然，前两种观点把问题的重点都放在自然或人文条件的改变及其后果上，并不关注可能的人为调节和适应。尽管现代人类改造自然的能力增强，但不能忽视人类在从事现代化生产活动中造成了许多生态环境损害的同时，对于自然和人文条件的改变始终存在着人为调节和适应的可能性。而第三种理解把环境变化和环境问题与区域乃至区

---

[1] 杨庭硕：《人类的根基——生态人类学视野中的水土资源》，云南大学出版社 2004 年版，第 389-399 页。

际的社会经济条件联系起来，有助于找到导致生态脆弱和资源枯竭的原因，正确识别人类与自然环境关系中的种种变化及反响的潜力，以便做出区域开发的正确决策。特别是在我国目前发展市场经济的形势下，对于区际乃至全国和全球联系下人文因素的作用会越强烈和深刻，脆弱生态环境的形式和内容通过人为调节和适应而得到某种程度的变化或改变的可能性亦越大。①而第四种理解虽然强调了民族文化的重要性，但相对论的理论色彩较浓，在使用中容易引发歧异和误解。

在综合考虑之后，本书将借用我国自然科学工作者的研究成果，将脆弱生态区定义为：脆弱生态区是那些对环境因素的改变反应敏感、生态稳定性较差、生态环境易于向不利于人类利用的方向发展，并且在现有的经济水平和技术条件下，这种负发展的趋势不能得到有效遏止的连续区域。②

据"八五"国家攻关项目"生态环境综合整治和恢复技术研究"成果表明，我国主要有五个典型脆弱生态区，它们是：北方半干旱农牧交错地区、北方干旱绿洲—沙漠过渡地区、南方石灰岩山地地区、西南山地河谷地区以及西藏的南部山地地区。其中，南方石灰岩山地脆弱生态区主要包括贵州省、广西壮族自治区的 76 个县（市），约 17 万 km²。石灰岩山地脆弱生态系统中导致脆弱的主导因素是土层薄、肥力低、水土易流失。几十年来，由于岩溶地区人口膨胀和经济活动的加剧，乱砍滥伐，毁林毁草和不合理的耕作方式，已导致植被退化和严重的水土流失，使其向荒漠化（石化）方向发展，并有进一步扩大和恶化的趋势。同时，这一地区也是中国贫困问题较集中的区域。③

传统的脆弱生态区类型划分以地质、环境因素等为主要依据进行，结果受地理位置、行政区划的影响。在此基础上，最近出现了新的划分方法，可以分别根据环境资源约束因子、经济发展水平、经济技术替代能力、与其他生态区之间的联系、域外支持能力以及社会发展水平（如人口素质等）等因子为聚类变量，以县、市为样本单位，采用聚类方法对脆弱生态区进行类型划分。根据不同的聚类变量，可将脆弱生态区划分为不同的类型。由于所选择的聚类变量与脆弱生态区的约束因子直接相关，因此，这种聚类方法便于对结果进行分析。这种划分办法的好处是可以很容易找出生态区的主要脆弱特征。遗憾的是，没

①　赵跃龙、刘燕华：《中国脆弱生态环境分布及其与贫困的关系》，《人文地理》，1996（2），第 1-7 页。

②　冉圣宏、金建君、薛纪渝：《脆弱生态区评价的理论与方法》，《自然资源学报》，2002（1）。

③　冷疏影：《中国脆弱生态区可持续发展指标体系框架设计》，《中国人口·资源与环境》，1999（2），第 41 页。

有注意到脆弱生态地区的民族文化可能具有的规避生态环境的脆弱特征的特质，忽视了把脆弱生态地区的特有生计方式作为一个影响因子进行分析。

在充分认识脆弱生态地区的概念、分布、形成原因的基础上，不难发现，我国学者对于脆弱生态地区的研究，从自然生态特征的描述逐渐集中在关注脆弱生态地区的可持续发展上，他们关注到了脆弱生态环境与贫困的耦合关系，提出了脆弱生态环境定量评价指标体系及方法，并通过用此法评价全国26个省、区生态环境脆弱度的方式[①]，设计了脆弱生态地区可持续发展指标体系框架。提出了加快脆弱生态区的城镇化水平，发展生态农业，构建特色农产品等建设思路。这为本书的分析奠定了坚实的资料基础。

二、岩溶脆弱生态区的研究回顾

岩溶脆弱生态环境作为我国脆弱生态环境的一个重要类型，一直是学者们关注的热点领域。近30年来，世界上许多国家都十分重视对喀斯特环境问题的研究。1979年 H. E. Legra 首次提出了喀斯特地区的生态环境问题，1983年美国科学促进会的第149届年会，正式把喀斯特和沙漠边缘地区同等地并列为脆弱环境。国外早期的喀斯特研究主要侧重地质成因、地貌特征、水文特征以及发育过程。继之，结合社会、经济发展需要，对喀斯特水文地质、工程地质、地球物理勘探、喀斯特洞穴、喀斯特发育理论做了大量研究。[②]我国西南地区是世界上岩溶生态环境脆弱带中连片分布面积最大、岩溶地貌发育最复杂、岩溶生态问题十分突出的区域，我国的岩溶学研究处于世界领先水平。地质学和自然地理学者们致力于探讨喀斯特景观的形成、变化及其客观上对经济的利弊影响。这方面的研究以袁道先（《岩溶环境学》，1988）、卢耀如（《中国岩溶—景观·类型·规律》，1986）和杨明德（《喀斯特研究》，2003）、熊康宁（《喀斯特石漠化的遥感：GIS 典型研究：以贵州省为例》，2002）的成果最具代表性，他们的研究是把喀斯特地质地理结构的递变视为特殊的人地生态系统，并不关注相关地区的民族文化。从旅游学和经济地理学角度研究喀斯特脆弱生态系统的学者，主要有宋林华（1994）、张帆（1998）、张幼琪（2000）等人，他们主要侧重于探讨喀斯特地貌作为一种旅游资源的开发利用价值。李青（《石灰岩地区开发与治理》，1996）、谢家雍（《西南石漠

---

① 赵跃龙、张玲娟：《脆弱生态环境定量评价方法的研究》，《地理科学》，1998（1），第73-78页。

② 袁道先：《我国西南岩溶石山的环境地质问题》，《世界科技研究与发展》，1997（5），第93-97页。

化与生态重建》，2000）、朱守谦（《喀斯特森林生态研究》，2003）、高贵龙（《喀斯特的呼唤与希望》，2003）等，则从生物与环境相关联的角度，探讨喀斯特山区生物群落的特异性以及在人类的干预下的生态退化，特别是喀斯特山区的石漠化灾变，以及生态保护与发展的关系。社会生态学者，如张惠远等人（1999）对喀斯特山区土地利用变化的人类驱动机制的研究，注重社会组织和社会心理与生态变迁之间的关系，在方法上虽然对本课题研究具有很重要的参考价值，但仍然缺乏整体的文化观。

关于岩溶脆弱生态环境研究的千余篇论文中，仅有几篇涉及人文视角，它们分别是《喀斯特石漠化地区参与式农村社区发展问题——以贵州花江示范区"顶坛"模式为例》（李亦秋，2004）、《贵州喀斯特石漠化危害与生态经济防治对策》（李凤全，2003）、《我国石漠化地区生态移民与人口控制的探讨》（但新球，2004）、《贵州喀斯特石漠化的人为因素分析》（陈起伟，2006）、《喀斯特地区生态环境恶化的人为因素分析》（李瑞玲，2002）、《雍正王朝在贵州的开发对贵州石漠化的影响》（韩昭庆，2006）等，分别简要地从历史、社区、经济发展、移民等角度论述石漠化的成因和治理对策。值得一提的是，《雍正王朝在贵州的开发对贵州石漠化的影响》（韩昭庆，2006）一文从历史文献出发，指出目前的石漠化研究中存在时间上的断层，从地质地貌、土壤条件的角度，直接跳到了现代的开发进程，缺乏历史时期的相关研究。认为雍正时期对贵州的开发是贵州石漠化人文因素介入的起点，由于人口压力和玉米、红薯等耐旱、耐瘠高产作物的引种，使得土地退化，为日后贵州石漠化埋下了伏笔。另外，陈慧琳的《贵州麻山地区居民的资源环境意识模糊综合评价》等文章也表明了自然科学研究者对于脆弱生态形成、发展过程中文化因素的关注。其余的篇目都集中在石漠化评价指标体系、变化趋势、土壤质量、植被恢复、预警和风险评估模型、石漠化治理等方面，他们的共性缺陷在于人为分割了作为一个整体的岩溶生态系统，忽略了在岩溶生态系统中承担着重要的连接作用的各民族传统文化的作用。总之，研究自然生态系统的自然科学家往往忽略了对于当地的社会文化系统运作的关注，而研究当地社会文化系统的人文工作者，又仅仅关注文化的社会、精神特征，对于当地特有的地质地貌却重视不够，研究成果比较少，很少有人做自然生态系统和社会文化系统这两个系统之间错综复杂的动态网络关系的研究。

要填补这一空白，就必须从文化纬度切入，立足人类学的微观调查，对岩溶脆弱生态地区的自然生态系统和人文系统之间的交互影响进行深入调查和研究，而不是仅仅用一句简单的"人类活动的影响"来概括文化在脆弱生态区的形成和治理过程中占据的重要作用。正如研究人员李阳兵所认识到的一样："自然的危机、生态的危机、人与自然关系的危机、人的生存发展的危机，说到底是传统的文化观念的危机，因此必须在文化观念上进行批判、反思、预见，同时进行建构，实现创新，为可持续发展提供一种全新的科学文化理念。"①

三、人类学对岩溶脆弱生态地区的相关研究

屠玉麟等人的《独特的文化摇篮——喀斯特与贵州文化》（2002），注意到喀斯特脆弱环境对贵州文化特征形成的影响，但该书主要是从文化史的角度梳理既有文献来论述喀斯特与贵州文化源流之关系，并未系统地从学理上探讨喀斯特生态环境与贵州少数民族文化之间的相互适应与互动。首次将民族志田野调查方法和植物学、生态学方法结合起来研究喀斯特生态文化系统的尝试，当属龙成昌、陈训、罗娅等人（2005）的《贵州喀斯特山区民族植物学研究与社区发展》一书。该书作者事实上已经在研究中引入了文化观，并以特定的民族文化事实在一定程度上揭示了喀斯特地区少数民族文化的某些特质，为本课题的研究铺垫了坚实的认识基础和方法论基础。《瑶族特种生存技能在喀斯特石漠化山区可持续发展中的实践价值》（袁依林，2005）以广西瑶族中的布努瑶支系在天然洞穴中驯养野蜜蜂和在石漠化陡坡上种植小米为个案，对这些特种生存技能在喀斯特石漠化山区可持续发展中的实践价值进行了探讨。《喀斯特山地的人类生态——一个洞穴村庄的考察》（尹绍亭，2008）讲述了云南省文山壮族苗族自治州广南峰岩洞汉族居民的文化与生计方式，深入分析了其中不适应于当地生态环境的熬硝、养猪的负面生态效应，建议当地的汉族居民改变观念，学习周边彝族、苗族生活中的适应性知识和观念，重建有效的生计方式，给本书提供了翔实的文化习俗与岩溶脆弱生态环境之间的适应与冲击的个案研究范例。

聚焦到本书的主要田野研究区域，前人对于麻山地区的相关研究主要有1993年8月至10月由贵州民族研究所牵头进行的"六山六水"调查之麻山地区社会经济状况调查，出版了《贵州民族调查（之十一）麻山调查专辑》，以及《麻山在呼唤——贵州省麻山地区极贫乡镇调查资料集》、《爱在麻山》等民族调查资料。这些资料是目前研究麻山地区少数民族社会经济状况的基础文献资料。

涉及这一领域的主要学者有杨庭硕、雷广正、吴正彪、陈国安、韩荣培

① 李阳兵、王世杰、容丽等：《西南岩溶山区生态危机与反贫困的可持续发展文化反思》，《地理科学》，2004（2），第157页。

等人。其中，杨庭硕先生所作的贡献尤其突出，他发表的《苗族生态知识在石漠化灾变救治中的价值》、《论地方性知识的生态价值》、《生态维护之文化剖析》等文章以及《人类的根基》、《生态人类学导论》等专著，对贵州石漠化山区少数民族拥有的传统知识进行了总结，并围绕地方性知识与中国西部少数民族地区的生态建设进行了大量的研究。黔南民族所的吴正彪对麻山地区进行了长期调查，发表了多篇相关论文。其中，《避开喀斯特生态脆弱环节，建构环境友好型社会经济发展模式的思考》[①]和《多元文化构建在生态均衡中的实践价值——以贵州省罗甸县木引乡的苗族、布依族对生物多样性的保护与利用方式为例》[②]分别对麻山地区的自然环境特点、多样性的传统动植物资源利用与保护方式及在现代社会中所存在的问题进行了探讨。他的相关研究成果集中体现在其硕士学位论文《论社会历史变迁对地方性知识积累的影响——以贵州麻山地区三个支系苗族生计方式差异为例》之中，分别对麻山苗族不同亚支系群体的社会历史变迁过程和地方性知识的特点和差异作了精妙的分析，尤其是作者利用其语言优势，对三个支系的生态文化进行了生动的描写，丰富了麻山地区的调查资料积累，为本研究提供了丰富的资料。雷广正的《"康佐苗"今识》[③]一文探讨了麻山地区苗族的历史与现状。韩荣培参与了贵州省民族研究所的麻山调查组，并撰文对罗甸县罗暮乡的社会贫困原因进行分析，提出了相关的对策。[④]他对麻山地区的生计方式较为关注，发表于贵州民族研究杂志的《贵州经济文化类型的划分及其特点》一文，把麻山地区的"刀耕火种"列为一种独特的种类——麻山型刀耕火种。并且注意到了这种生计方式与石漠化现象之间的相关性，遗憾的是，他没有对此关联进行深入的分析。此外，对麻山地区的大部分研究，多注重在调查资料的简单罗列，缺乏系统性、整体性、理论性的分析。对脆弱生态环境的发展过程中人类文化的因素强调得不够。生态人类学家普遍关注的在自然、文化、人类社会三者互动的模式下来认识和处理生态问题的原则，在麻山岩溶脆弱地区的研究中表现得很薄弱，对人类文化的作用强调不够，忽视了石漠化问题与当地民族文化流失的密切联系。

　　在全国的脆弱生态区研究的广阔视野下回溯文献资料，从人类学角度对麻山脆弱生态区少数民族的生态文化进行研究的意义逐渐凸显，在脆弱生态

① 吴正彪：《避开喀斯特生态脆弱环节，建构环境友好型社会经济发展模式的思考》，《贵州民族研究》，2006（5），第44-48页。
② 吴正彪：《多元文化构建在生态均衡中的实践价值——以贵州省罗甸县木引乡的苗族、布依族对生物多样性的保护与利用方式为例》，《贵州民族研究》，2001（3），第52-56页。
③ 雷广正：《"康佐苗"今识》，《贵州民族研究》，1983（4），第21-23页。
④ 贵州省民族研究所：《贵州民族调查（之十一）麻山调查专辑》（内部资料），第199-218页。

地区的可持续发展困扰着全国上下的背景下，系统探讨麻山苗族的传统知识体系及其变迁，反思当地生态建设的得失，可望为整个脆弱生态地区少数民族的可持续发展寻找到可能的文化路径。

第三节　人类学传统知识的视角

作为生态人类学的研究课题，本研究坚持人类学的基点和传统知识的观察视角，以下就分别从这两个角度对相关理论进行梳理，阐明研究中贯彻的思路和路径。

一、人类学相关理论梳理

对于脆弱生态区的研究，并不是对于没有人类存在的地质地理变迁的研究。目前关于脆弱生态区的研究，虽然注意到了人类活动对于自然的扰动，但是却对人类社会系统的重要性认识不够，忽略了人与自然关系因为文化的介入而引发的复杂性与不确定性。脆弱生态地区的问题，实质上是在特定历史和自然条件下人地关系的一种反应。所以，回顾生态人类学对于人与自然关系的认识过程，会深化我们对人与自然关系的理论认识，也有益于对脆弱生态区的认识。

人类学对人与自然关系的认识，也经历了一个从片面强调民族文化或者自然的作用到逐渐意识到二者之间复杂的互动关系的过程，一个从单一学科视角到多元学科视角的变化过程。生态人类学作为一门交叉学科和边缘学科，同时从文化人类学和生命科学中吸收丰富的理论营养，而文化人类学的理论建构，从一开始就与生物科学结下了不解之缘。文化人类学的第一个学派——经典进化论派，几乎是照搬了生物进化理论去分析人类社会的文化现象，而不像其他社会科学那样，更多地遵循已有的传统，强化逻辑思维的推演，强化人性和人权的超自然地位。在文化人类学此后的发展中，与生命科学的联系始终一脉相承，继起的传播学派，其立论的关键正在于将人类的文化理解为独立存在的超有机体，是不受人类意志左右的准生命形态，不仅企图借用生命科学的认识论去研究文化的本质，在具体的研究中甚至赋予不同民族文化以性别、年龄等生命现象才有的属性。法兰西学派强调集体意识、集体理念、文化的整体观，就实质而言，仍然是将文化理解为具有生命禀赋的社会事实。20 世纪 30、40 年代十分活跃的功能主义，强化了文化的整体观，进而揭示了文化要素之间相互依存制约的结构联系，但注意力集中在文化的社会功能方面的研究而不是生态方面。美国学者博厄斯等人倡导的文化相对论和历史特殊论学派，在扎实的田野调查中形成了强调环境因素作用的观点，环境被看做是文化特征发展的限制性因素，而不是原生性的、创造性的力量。例如，北美的气候条件决定了玉米栽培业的分布状况（克虏伯，1939）。在非洲，舌蝇的存在制约了非洲牧牛人的分布和迁移状况（斯滕宁，1957）。这种探求环境与文化之间关系的方法，常被称为"可能论"。它的最大缺陷在于无法解释同一地理环境下不同文化的并存，缺乏叙述文化多样性的潜力。[①]

20 世纪 40 年代以后兴起的新进化论，与"后达尔文主义"的兴起联系紧密。"后达尔文主义"的生物理论探讨几乎是被这批文化人类学家直接借用到文化人类学中。"后达尔文主义"者提出的"大进化"与"小进化"，搬到人类学中诱导出了萨林斯的双重进化原理。古生物学中的"突变论"诱发了塞维斯的"文化跃迁学说"。"后达尔文主义"中强调的灾变现象启发了塞维斯，得以提出"族际间断原则"和"地域间断原则"。从托马斯·哈定的文化适应观中，可以找到"遗传漂变"的影子。甚至这批学者在论著中为文化多线进化所作的附图，也从"后达尔文主义"的论著中临摹改画而来。

更值得一提的是，斯图尔德的研究与 20 世纪 40—50 年代生态系统生态学的兴起和发展同步，是在生态系统生态学的启迪下提出了他的"文化生态学"。在他的学术理论中，突破了可能论的窠臼，关注特定环境与特定文化之间的关系，而且根据环境对文化建构影响的程度，划分了"文化核心"和"次级文化特征"等不同的结构层次。斯图尔德的思想后来虽然受到了继起者的批判和修订，但这些批评者从未否定过所处环境对文化的作用，仅仅是修改斯图尔德立论中的某些偏执之处。如对文化间的互动影响缺乏足够的注意，对文化的精神因素对所处环境的反作用缺乏深刻的认识，等等。

新进化论退潮后，文化人类学中继起的学派——象征主义、符号主义将注意力集中到了文化要素的意义，但对文化在规约人的行为上的作用仍然给予了足够的关注，其中也包括了人类的生态行为。第二次世界大战以后，对欧洲中心主义的批判成为潮流，文化人类学在反省传统的同时，更关注单种文化的独立存在价值。研究取向更偏重于对文化现象的象征意义和符号意义的探析。这种静态的思维定势事实上强化了专注于单种文化内在特点分析的

---

① （英）凯·米尔顿：《环境决定论与文化理论：对环境话语中的人类学角色的探讨》，袁同凯译，民族出版社 2007 年版，第 54 页。

传统，并存文化之间的复合运动，随着新进化论的退潮，而淡出了文化人类学的研究视野。20 世纪后期，文化人类学像其他社会科学一样受到了后现代思潮的影响，在批判工业文明负面作用的同时，造就了格尔兹那样关注"地方性知识"的大师，具体文化理性与所处环境的关系，也随之得到了强化。在认知人类学的旗帜下，民族生态学得到了蓬勃发展，强调从民族的主位观点看待其生态行为背后的价值观，这样的研究倾向虽然在具体的生态知识的研究和获取上取得了较大的进展，但由于源自建构主义的理论缺陷，加之缺乏宽广的时空尺度的视野，"尽管它代表了认知人类学领域的重要而高水平的发展，却一度成为生态人类学的'死亡之角'，被当做主流领域中的'特殊话题'来对待"。①

在 20 世纪 60、70 年代，人类学者引进生物系统方法论，注重于能量转换的计量模式，对热带地方的山田烧垦生计与环境及人类不同文化行为的互动综合研究至为兴盛，奠定了生态人类学的基础。美国密西根大学教授拉帕帕特（Roy Rappaport）就以研究新几内亚高地土著的烧垦农业、猪只畜养与定期性祭仪以及战争之间的平衡关系而著名。此类生态人类学研究范式的缺陷在于偏向于小型社群的研究，但主张将人类的生态活动与他们对世界的理解结合起来，并寻求理解这两个领域之间的相关性。② 这一理论倾向值得肯定。

文化人类学和当代众多的社会科学一样，深受实证主义思潮的影响。为了使文化现象获得毋庸置疑的实证，加上传统的研究对象主要是缺乏历史记载的未知民族，这就迫使早期的文化人类学家只能片面地相信自己的眼睛、自己的感受，用有限的个人学术经历去探讨无限的民族文化。由此而产生了一系列有关文化实证的争议。这场争议虽说由于马林诺夫斯基完善了参与式调查的资料收集规范而暂告一个段落，但缺乏历史的厚重感，缺乏大尺度的分析视野，始终制约着文化人类学的长足发展。马林诺夫斯基的后继者虽然也想突破资料来源的狭隘性，但却受到了历史记载欠缺和片面追求具体实证的牵制而难以有大的作为。弗斯的《人文类型》，普里查德的《努尔人》在资料的来源上都有明显的突破，在某些方面，也接触到大尺度范围内的生态特点，然而，学科传统的局限，仍然不能使他们看清长时段的生态变迁和大跨度空间上的生态系统差异与文化演替的交互影响。直到格尔茨才开始着手注意研究对象与周边民族环境乃至全球背景的关系，他对印度尼西亚农业发展

① （英）凯·米尔顿：《环境决定论与文化理论：对环境话语中的人类学角色的探讨》，袁同凯译，民族出版社 2007 年版，第 67 页。
② 李亦园：《环境族群文化》，《广西民族学院学报》，2003（2），第 5 页。

的生态人类学研究，以及对那里农村社会、生态、文化系统的互动关系的系统分析而成为经典。也就在这个时候，生态环境问题已经引起了世界性的关注。①

20世纪后期，西方人类学也逐步意识到生态环境的递变是长期历史积淀的后果，也是大范围相互牵连制约的结果。这样的感悟与文化人类学的传统相碰撞，致使西方的文化人类学家逐步地与生态学家联手，成功地合作探讨了生态递变的历史过程。《生态扩张主义：欧洲900—1900的生态扩张》（艾尔弗雷德·W.克罗斯比，1986）、《枪炮、病菌与钢铁——人类社会的命运》（贾雷德·戴蒙德，1988）等著作的出现，标志着文化人类学狭隘的研究传统已经松动。跨世纪之交的文化人类学家渴望历史的眼光，需要从较大的时空尺度剖析生态环境的递变，对生态人类学、环境史等学科的定型起到了催生作用。

有幸的是，中国是一个历史记载较为系统，历史也较为悠久的大国。有关生态递变的资料虽说残缺不全，但毕竟还有线索可循。从20世纪30年代起，新兴的中国文化人类学就开始关注社会历史过程对民族文化的影响，对当代生态问题的作用。因此，中国的文化人类学家不仅对文化人类学的传统缺陷具有敏感的洞察力，而且拥有修订传统缺陷的社会氛围和治学传统。只要发扬这种传统，就有望在生态问题与传统知识相互关系的探索方面有进一步的进展。

相比之下，生态学早就注意到了生物之间协同进化的事实。专注于单种生物物种做全面系统研究的早期传统，到20世纪中期已经得到了较为彻底的改变。遗憾的是，被功能学派推到了极端文化的"工具观"与文化相对主义互为表里，长期左右了人类学家的研究思路，使得半个多世纪的文化人类学研究过分关注单种民族文化的运行与演化规律，与此同时，对文化多元并存状况下的复合运动缺乏敏感性，至今没有引起文化人类学家的普遍关注。然而，所有的生态问题肯定不是单种民族文化所使然，多元文化的并存和相互制衡产生的跨文化社会合力，会超出特定民族文化的理性控制范围，在未知的生态系统中带来不确定性的影响，也应当是可以预知的事实。② 要消除生态问题对人类社会发展的威胁，关键是要找到并存多元文化之间直接沟通和协调的机制，尤其对于脆弱生态地区更是如此。而人类学作为一门长于开展跨文化研究的学科，恰恰可以通过对不同民族的传统文化与传统知识的深刻

---

① 崔延虎、海鹰：《生态人类学与新疆文化特征的再认识》，《新疆师范大学学报》，1996（2），第14页。
② 杨庭硕等：《生态人类学导论》，民族出版社2007年版，第55-57页。

领悟和"文化解释",理解其传统文化与所处自然生态环境交互作用的历史过程得以发生的文化原因,沟通不同民族之间的文化隔阂,促进建立在不同生态背景之上的异文化之间的沟通和交流,防范更多的生态问题的出现。可见,修正文化人类学仅就单一民族研究的文化传统,在处理人类面对的生态问题时,绝对必要。中国是一个统一的多民族国家,已经经历了 2000 多年的历史,在中国的人类学界,各民族文化间的相互渗透早已为学人所熟知。尽管这样的表述不可避免地有着静态观察的思维烙印,还不足以支持多元文化协同运行的动态分析需要。但这毕竟是一个起点。在中国的各民族间,探讨并存多元文化复合运行的生态结果,无论在资料来源还是在研究思路上,研究基础都比国外坚实。

纵观生态人类学的学科演化脉络,人与自然环境两大复杂系统之间的关系是其中心问题。既经历了片面强调环境作用的环境决定论与可能论的时期,也经历了片面强调自然环境的特殊性对文化形成演变的影响的文化生态学与文化唯物主义时期,也有过抛弃文化的影响,专注于人类群体与自然环境之间的物质能量流动的时期。可以说,在自然与人类之间的相互制约与影响达成共识之后,几乎都在强调文化与忽略文化两个极端之间形成的一个连续统的变动。生态问题既然萌生于并存多元文化的复合运行之中,如果参与运行的各种具体文化之间不能求得信息的畅通和生态行为的协调,具体文化的运作显然控制不住生态灾变因素的积累,也难于单独修复生态损伤。近年来,学术界逐渐趋向于较复杂,甚至于国家社会的研究,因此又有"历史生态学"(historical ecology)或"政治生态学"(political ecology)的出现,近年更有以全球系统的观点而探讨全球性生态均衡的"全球生态学"(global ecology)的出现。这一理论倾向对本研究有重大的借鉴价值。

综上所述,现有的理论框架可望在以下三个方面有所突破:第一,延展生态人类学研究的时间纬度,补充历史视角;第二,拓展生态人类学研究的空间纬度,关注不同文化的并存与互动在脆弱生态区造成的复杂和不确定的影响;第三,应对全球化的趋势,将文化视角从特种文化的枷锁下解放出来,深入文化内部的不同亚文化利益群体,为社区参与的实践中复杂的自然和社会变迁寻求理论说明。[1] 如何能既关注历史纬度上文化与自然之间互动产生的传统知识,又不忽略不同文化的同时并存和相互影响而引发的特定社区与自然互动方式的改变,将是本书力图探索的领域。

---

[1] (英)凯·米尔顿:《环境决定论与文化理论:对环境话语中的人类学角色的探讨》,袁同凯译,民族出版社 2007 年版,第 86 页

二、传统知识的视角

　　传统知识是人类学关注人与环境关系的特殊视角，在人类学中有着深厚的学术传统。事实上，在各个不同学科的学者将各民族群体的传统知识进行条分缕析，分门别类之前，这些群体就已经在进行传统知识的创造、筛选和传承了。正如休·拉弗勒斯在《亲密知识》一文中所说："土著知识产生于人类的生产生活，只要有人类生存活动的地方，就会有土著知识的产生、积累和发展。"① 对传统知识的实际拥有者和具体使用者来说，传统知识就蕴涵在他们的日常生活中，传统知识的具体内容与他们的生活息息相关，是与他们休戚与共的亲密知识。"新的土著知识在不断地产生，同时是现代知识与土著知识交叉渗透的典型。"② 所谓的封闭的传统知识实质上只存在于人们的想象之中，传统知识的发展历程就是一个与并存的异文化互通有无、消化吸收和不断扬弃的过程。从这个意义上说，传统知识是人类群体与自然环境相互作用过程中留下的历史轨迹与当下的创造过程。所以，"生态人类学关注生境和适应的变化，同时重视传统知识。在各民族的传统知识体系中，具有丰富、独特的关于自然环境保护的观念、伦理、法规和合理利用管理自然资源的经验、措施和技术等，它们是各民族对其生境长期适应的智慧结晶，不仅具有历史、文化的价值，而且对于当代人类的生存和发展仍然具有十分重要的意义。"③

　　主流环境话语和实践往往把脆弱生态地区的生态问题归结为当地民众生产力低下的结果。但是，众多的人类学者用自己的研究成果有力地驳斥了这种观点的荒诞无稽。例如茱利·韦塔亚基的《利用土著知识：斐济实例》一文"介绍了斐济原住民拥有的一些知识、智能和经验，它们为现代人在自然环境中可持续地利用资源和发展提供了有益的经验。原住民知识和经验为拟定可持续发展计划及其政策的制定提供了可行的选择"④。"在非洲乌干达（Uganda）采用问卷调查的方式发掘当地传说及民间故事中包含的土著知识，并采用参与性讨论的方法将土著知识应用于当地的计划制订及决议形成中，发现土著知识在自然资源的保护中具有重要作用。"⑤ 在国内，学者们针对我

① 休·拉弗勒斯，陈斯：《亲密知识》，《国际社会科学杂志》，2003（3），第48-56页。
② 尹铁山：《我对土著知识的理解和评价》，《云南农业科技》，2002（5），第17-20页。
③ 尹绍亭：《人类学生态研究的历史与现状》，《中国民族学纵横》，民族出版社2003年版，第126-127页。
④ 茱利·韦塔亚基：《利用土著知识：斐济实例》，《国际社会科学杂志》，2003（3），第119-125页。
⑤ 戴陆园：《国外土著知识研究概况》，《云南农业科技》，2002（2），第22页。

国内蒙古、新疆、西藏、宁夏、云南、贵州等脆弱生态地区少数民族与环境互动的独特文化经验，撰写了大量著作和文章，比如：《森林孕育的农耕文化——云南刀耕火种志》（尹绍亭，1994）、《文化变迁——烧垦农耕的文化生态史》（尹绍亭，1997），尹绍亭通过深入系统的调查研究，以大量的第一手资料揭示了刀耕火种中蕴含的极为丰富的民间传统知识、经验和技术，构建了刀耕火种文化体系，并以无可辩驳的事实阐明了刀耕火种是山地民族适应森林生态环境的一种适应方式和生计形态，批驳了刀耕火种是"砍倒烧光"的"原始习俗"和"野蛮行为"，是"原始生产力"和"原始农业"的无知说法。宁夏大学回族研究中心的马宗保、马清虎的《试论西北少数民族传统生计方式中的生态智慧》一文认为，西北少数民族草原地区的游牧经济，农耕地区的坎儿井、水窖、汤瓶洗浴等水资源利用技术以及回族等少数民族农商并重的生产方式，都是当地人民适应特定自然地理环境而创制和积累起来的地方性知识，其中包含着有利于资源节约、生态环境保护和区域可持续发展的生态智慧和文化资源。此外，还有其他许多文章涉及生活在脆弱生态区的少数民族传统知识，如:《草原生态与蒙古族的民间环境知识》（麻国庆,2001）、《文化生存与生态保护：以长江源头唐乡为例》（刘源，2004）、《多元文化构建在生态均衡中的实践价值——以贵州省罗甸县木引乡的苗族、布依族对生物多样性的保护与利用方式为例》（吴正彪，2001）、《吃了一山过一山：过山瑶的游耕策略》（张有隽，2003），等等。其中，尤其以云南民族生态研究最为突出，《西双版纳傣族的稻作文化研究》（郭家骥，1998）、《西双版纳傣族传统灌溉与环保研究》（高立士，1999）、《西双版纳傣族传统环境知识与森林生态系统管理》（崔明昆，2002）、《梯田文化论——哈尼族生态农业》（王清华，2000）、《人与森林——生态人类学视野中的刀耕火种》（尹绍亭，2000）、《绿色象征——文化植物志》（衔顺宝，2000）、《哈尼族梯田文化论集》（李期博，2000）、《民族生态——从金沙江到红河》（古川久熊、尹绍亭，2002）、《雨林啊胶林》（尹绍亭、深尾叶子，2002）、《生态·人际与伦理——原始宗教的主题与发展》（张桥贵，1993）、《哀劳山自然生态与哈尼族生存空间格局》（王清华，1995）、《地理环境与云南民族关系》（郭家骥，1995）、《哈尼族文化与自然生态》（秦家华，1996）、《云南的山地和民族生业》（尹绍亭，1996）、《论云南少数民族的种竹护竹习俗》（廖国强，1996）、《中国西南少数民族的环境保护意识》（秦家华，1997）、《云南少数民族采集渔猎活动的研究意义》（罗钰、钟秋，1997）、《西双版纳山区民族历史上的传统生态学保护》（高力士，1999）、《论纳西族民族文化生态》（吕热昌，1999）、《少数民族自然崇拜与生态保护》（张桥贵，2000）、《生态环境和云南藏族的文化适应》（郭家骥，

2003)、《植物民间分类、利用与文化象征——云南新平傣族植物传统知识研究》（崔明昆，2005）等。

在上述各类著作与文章中，研究者们不仅充分揭示了忽视传统知识可能会带来的严重后果，还详细地描述了传统知识在人们适应当地自然环境过程中所起的重要作用。比如，阿帕杜雷通过对印度西部农村的一项技术改造进行经验分析后指出，商业化对技术的需求引起了破坏性的后果，是对当地技术的否定，没有按照社群特殊生活方式来进行再生产。马格林具体地分析了高科技农业在全球扩散的后果，揭示了高科技农业破坏农民社区、破坏传统规范的社会代价，认为西方知识的意识形态阻止了传统和现代的知识体系和平共处。西方知识体系在本质上是排他的，对本土技术知识不但不会欣赏，甚至不能容忍。它在意识形态上抬高西方"学识"的地位，贬低了第三世界"技艺"的地位，用西方的知识体系否定第三世界的知识体系。① 埃斯科巴则戳穿了旧发展主义对西方发展模式的理想化，否定了发展主义的二元思维方式，要求充分尊重本土的知识体系和价值体系。他认为，当地人民通过几百年甚至几千年发展而来的知识，是抗拒风险、应付未来危机的最重要保障，是恢复活力、持续发展的最稳妥基础。② 玛利·鲁埃用美国印第安人的事例说明传统知识可以在环境和社会评估体系中发挥重要作用。③ 而在我国，通过近年对传统知识的研究，许多学者也从不同的角度强调传统知识在我国少数民族发展过程中的重要地位。比如，裴承基从民族植物学的角度阐明了传统知识与生物多样性保护之间的密切关系；古祖雪从知识产权法的角度论证了保护传统知识的正当性；高敏针对美国复原中国古酒获取商业利益，就如何立法和中断的传统知识进行保护作了探讨；杨庭硕从水土资源维护的角度重申了地方性知识的生态价值。④ 王剑峰指出：一定要考虑当地少数民族传统与环境之间互动关系的民间知识体系所具有的合理内涵。⑤

让人担忧的是，这些传统知识在现代化强大的发展压力与生态环境的急剧恶化的合力挤压之下，正面临着失传、消亡的风险，极端者甚至成了生态环境恶化的替罪羊，促使着当地人毫不犹豫地割断自己与传统知识尚存的血

---

① 阿帕杜雷：《印度西部农村技术与价值的再生产》，《发展的幻像》，中央编译出版社2001年版，第205-244页。
② Escobar Arturo: the Making and Unmaking of the ThirdWorld, Prinston University Press 1998, P428-443。
③ 玛利·鲁埃，道格拉斯·中岛，《知识与远见：传统知识的预见能力与环境评估》，《国际社会科学》，2003（3），第61-71页。
④ 杨庭硕：《论地方性知识的生态价值》，《吉首大学学报》（社会科学版），2004（3），第23-29页。
⑤ 王剑峰：《生态人类学视野中的土著传统》，《云南师范大学学报》，2004（5），第6-11页。

脉联系，希望能够在现代知识体系的指引下过上富足的生活。① 国际社会的发展实践也不容乐观，许多地方出现了荣利·韦塔亚基所言的发展危机——"尽管全世界的发展中国家采取发展路线以充分而切实地实现经济环境文化的发展，但是这些问题却变得十分突出。大多数发展中国家并没有能够改善生活状况，它们不得不和停滞不前的经济、不均衡的发展、不断增长的失业率和急剧恶化的环境作斗争。可以肯定的是，自然环境不能维持大多数国家所向往的工业化和货币化的经济"。②

在我国脆弱生态地区的环境治理和可持续发展的理论建构和具体社会实践的过程中，政策制定者、专家们有意无意地忽视了在这些地区世代居住的少数民族的传统知识。其实，从生态人类学的系统观点来看，人和社会都存在于自然和物质的环境范畴内，地方社会的文化、政治、经济、历史等因素是与自然环境耦合在一起的。一味偏重现代科学技术的推广，忽视传统知识，已经带来了许多不利影响，严重制约了这些地区的发展进程。正如生态人类学家尹绍亭先生所说："现代科学技术的发展并不能完全排斥和取代民间传统知识，只有两种知识的共存和互补，才是当代生态环境保护和社会可持续发展的最佳途径。"③

三、研究方法

人类的社会行为立足于生态系统的存在，却又必须与地球生命体系的运行拉开距离，以维护自身存在的能动性。拉开距离有可能导致人类的行为偏离生态系统的运行规范，由此种下长期积累后而酿成的生态问题的祸根。同时，文化可以帮助人类能动地调整行为方式，消减各式各样的生态危机。④ 所以，生态问题的实质不在于生态系统单方面的危机，而在于人与生态系统之间关系的危机。可是，要单纯凭借现有的文化人类学田野调查资料证实上述生态人类学观点，客观上存在着诸多的困难。关键的困难来源于人类认知世界的有限性和地球生命体系的无限性，这就需要寻找一个突破口，使有关的资料相对集中，相对典型，而且具有较高的可信度。

---

① 何大勇：《构建人与自然的和谐：传统生态学知识的价值》，《贵州民族研究》，2006（6），第96-101页。
② 荣利·韦塔亚基：《利用土著知识：斐济实例》，《国际社会科学杂志》，2003（3），第119-125页。
③ 尹绍亭：《促进我国的生态、环境人类学研究》，《生态人类学通讯》（内部刊物）第1期，第1页。
④ 杨庭硕等：《生态人类学导论》，民族出版社2007年版，第85-91页。

　　田野调查和个案研究是人类学的传统研究方法，也是本研究的主要调查方法。结合本研究的特点，作者既走访了岩溶脆弱生态区不同地域、不同类型的村寨，又重点深入调查了其中的麻山地区，通过参与观察、入户访谈等形式获取当地社会文化的基本资料，了解当地的风俗习惯，尤其集中关注了当地的生计方式、农事操作与生态变迁，等等。但是，仅凭这些共时性的零散田野资料，缺乏时间纬度和空间纬度上的对比和参照，仍然很难发掘出传统知识的价值和意义。由于生态问题既牵涉自然环境，又无法脱离人类文化的影响和改造，作为交叉学科的生态人类学研究课题所采用的研究方法也往往会同时使用多学科结合的研究办法，因此，本书在研究的过程中又综合采用了历史学、生态学、社会学等多学科的研究办法。在这些相关学科的支撑下，根据如下四项原则选定研究对象和相应的分析办法。

　　（1）鉴于任何形式的脆弱生态都是长期社会历史积淀的结果，因而探析脆弱生态的成因就不能单纯凭借共时态的田野调查资料，必须辅以长时段的历史资料。

　　（2）鉴于脆弱生态总是并存多元文化复合运动积累的结果，本课题的研究自然得从一个较大的时间和空间内获取并存民族文化的资料作为立论的依据。本课题虽然以麻山地区的苗族文化变迁作为主线，但却不限于单种文化和单一的社会背景，密切注意了不同时代背景下来自于苗族以外的其他各种社会环境和文化变迁的影响。

　　（3）考虑到一切传统知识都必然反映着自然生态环境和族际社会环境的影响，因而本课题的研究也必须兼顾传统知识的两个侧面：从自然生态环境的角度来看，需要包括冲击或者维护脆弱生态环节的不同部分；从族际社会环境的变化来看，也包括有利于生态环境维护与不利于脆弱生态环境的内容，并从这两个侧面之间以及侧面内部之间的冲突和协调之中，透视生态问题的成因，寻求解决的原则和办法。

　　（4）考虑到文化使人类获得了可贵的能动性，文化可以传播、可以习得，也能够快速创新。相比之下，生态系统的运行就要比文化更稳定，文化演替的速度也要大大快于生态演替的速度。为此，本课题需要找到一个生态学家已经做过相关研究的区域，将他们的研究成果作为分析文化递变的参照物，便于凭借这样的参照系去揭示文化递变与自然生态环境变化之间的关联性。

　　综合考虑上述四个条件之后，作者选定贵州麻山地区苗族的传统知识作为研究对象，考察这一脆弱生态区域内苗族传统知识的生态适应以及在现代化进程中的缺失。这是由于：第一，因为苗族世代聚居在这一区域，并在各种政治经济环境的影响下，不断地调整自己的生计方式和文化特征，并留下了相关民族文化的资料和生态环境变化的记载，有一定的文献资料可以提供生态变迁的轨迹，使本课题的研究拥有较为可信的历史资料。第二，麻山地区是贵州省石漠化程度比较严重，分布又比较集中的地区，又是苗族西部支系麻山亚支系的聚居区，在历史上有过长期被彝族土司、布依族土司统治的经历，在对这一地区的开发经营过程中也迁入了大量的汉族居民，各种文化之间相互融合影响，而且麻山在经济发展和生态环境综合治理的对策研究中，一直受到政府和有关专家的大力关注，在不同的时期曾经实施过不同的政策，深入总结其得失利弊，对于其他脆弱生态地区具有很好的借鉴价值和意义。而且，近半个世纪以来，我国文化人类学的前辈们对这一地区的民族文化曾经做过系统的研究，为揭示多民族互动对传统知识形成和演变的影响提供了客观的资料支持，能满足对并存多元文化复合运行的分析需要。第三，麻山苗族的生态知识有其十分明确的生态适应对象，与当地生态系统的基本特征息息相关，可以为发掘传统知识遏制石漠化灾变，进行脆弱生态地区治理提供直接证据。第四，近年来，生态学家、地理学家对该研究区做了大量的研究工作，据此可以了解当地脆弱生态系统的基本特征，提供发掘传统知识的生态适应的基础参照体系。

狭义的麻山地区无论是地质地貌特点，还是生态系统，都具有极高的同质性，居民中的绝大部分都属于麻山苗族，仅在少数河流的宽谷盆地上，有少数布依族村寨，因而，在这一区域内，无论选取哪一个苗族村寨作为调查基地，其代表性都很高。作者除了调查宗地乡打郎村外，还到过敦操、木引、摆所、麻山等地。

本书的主要调查点是贵州省麻山地区紫云县宗地乡的打郎村及其周边村寨。宗地乡地处黔中山区麻山腹地，位于紫云县城东南部，距县城约 40 公里。东与长顺县接壤，南与罗甸县毗邻，西靠本县大营乡、猴场镇，北与水塘镇相连，县域东南部最大的农贸集市——"宗地龙场"①就位于乡政府所在地，也是紫云、长顺、罗甸三县交界处传统的最大集市。这里是狭义麻山地区的腹心地带，属于岩溶峰从洼地地貌。土地多数为岩石灰土，难利用地占41.76%。

作者已分别于 2004 年 7-8 月、2006 年 2 月、2007 年 1 月、2007 年 5 月、2007 年 7-8 月、2008 年 7 月期间到相关研究区做过田野调查，积累了

---

① 紫云苗族布依族自治县县志编纂委员会：《紫云苗族布依族自治县县志》，贵州人民出版社 1991 年版，第 463 页。熊康宁：《贵州喀斯特地区的环境移民与可持续发展——以紫云县为例》，《中国人口·资源与环境》，1999（2），第 64-67 页。

相关的资料。在具体的研究过程中，除了采用传统的人类学研究方法参与观察、深入访谈之外，由于仅仅依靠传统的社会调查无法完整详细地获取关于当地传统知识与自然环境之间的相互关联，因此，作者在大量参阅自然科学家对当地自然生态背景的研究资料的基础上，针对当地传统知识的特点，专门设计了"地块调查表""野生动植物利用表""乔木登记表""样方测量表"等一系列的表格，探寻传统知识对脆弱生态环境的适应情况，以此作为发掘当地的传统知识的主要手段之一。①

　　因此，立足上述各类资料，本课题的研究将以文化人类学的方法为主导，藉人类学所具有的整体论优势，博采生态学、历史学、环境史学、资源管理学、发展经济学等众多学科所长，将喀斯特地区的生态环境与传统文化视为一个有机整体，综合分析其适应内涵和特质；并从人地关系和谐发展的视角出发，立足于麻山苗族的传统知识，整理麻山苗族对喀斯特脆弱生态环境的认知、改造和利用，整理喀斯特山区人地关系和谐的实质及包含在其中的生态智能和技能，探讨传统知识的多重价值，探求发掘和利用脆弱生态地区各民族的传统知识的途径和原则，有效地服务于脆弱生态地区的可持续发展大业，服务于当前的生态文明建设。

---

① 表格参见附录。

第二章 麻山的自然与历史概况

第一节 脆弱生态地区

"麻山"一名始见于清代典籍，当时所指范围包括今天贵州省的紫云、望谟、惠水、长顺五县毗连地带，东起蒙江，西至水塘克嵯一线，南起桑郎河北岸，北达板当至云盘一线，总面积近五千平方公里。其间除至北向南贯穿全境的格必河外，完全没有地表径流。这一地区属于高度发育的喀斯特山区，地表密布峰丛洼地，地下伏流溶洞众多，被地质学家称为典型的"生态脆弱区"。①

关于麻山岩溶生态环境的脆弱性，岩溶学有过很多总结，下面就分别从地质地貌脆弱因子、土壤脆弱因子和气候脆弱因子来分别论述，以达到全面认识麻山脆弱生态环境的目标。

一、地质地貌脆弱因子

从自然地理结构看，麻山地区属于一片同质性很高的高原台面。整个高原台面都由一层厚厚的中生代石灰岩所覆盖，厚度在 150-500 米不等。这片石灰岩的成陆时间相对较短，没有经历过浅海时期，因而石灰岩上方没有浅海沉积的砂岩和页岩覆盖。地表土壤基质少，基岩容易裸露。加上在成陆的过程中，石灰岩底部曾经历过多次岩浆的入侵，入侵地带的石灰岩随之转化为变质岩或冰洲石岩层。这两种岩层的形成直接导致了上层的石灰岩纵向褶理极为丰富，这正是如今石灰岩下方的地下伏流溶洞密如蛛网的原因，形成了岩溶地区特有的"双层结构"。经历长期的溶蚀作用后，整个高原台面发育成了连片的峰丛洼地地带。

---

① 杨庭硕：《苗族生态知识在石漠化灾变救治中的价值》，《广西民族大学学报》，2007（3），
第 24-33 页。

　　在成陆后的地质过程中，高原台面又断裂出几条南北向的地裂，这些地裂日后都发育成了仅有的几条河流。从东到西依次是猛江、格凸河、乐旺河。这些河流大多河谷深切，沿岸山崖壁立。其中猛江沿岸的坝子形成了麻山的东部边缘，而格凸河则是从北向南纵贯麻山地区的唯一一条大河。格凸河是如今紫云县与长顺两县的界河。格凸河穿越麻山地区的河段，切穿了石灰岩高原台面，两岸岩石耸立，河谷的深度大多在 200-400 米，目前开发的格凸河风景区就处于该河段上。由于山高河深，当地百姓都说自己的家乡是看得见水却舀不到水的地方。清代的《百苗图》一书中"克孟牯羊苗"附图的背景就取材于此。[①]乐旺河是一条从西北向东南流的小河，河床下切的深度不如格凸河，但其间要穿越好几个溶洞，因而也是一条难于利用的河流。乐旺河的下游注入桑郎河后，在罗悃与格凸河汇合后注入北盘江。桑郎河河谷构成了麻山地区的南部边缘。

　　峰丛洼地是喀斯特岩溶地貌发育的第二个阶段，其地质地貌结构具有如下一些特点。第一，地表崎岖不平，呈现为一个个四面环山的洼地，连片分布，外观上与蜂巢相似，因此称为峰丛洼地。一些学者认为由于这一地区山乱如麻，所以称为"麻山"。这一说法不足凭信，但却不失为一种对地貌特征的形象说明。第二，洼地四周环绕的石山，坡度较陡，一般都在 35-50 度，最陡的坡面甚至超过了 80 度，像直立的石墙一样耸立。石山顶部布满了刀砍状的裂纹，基岩几乎完全裸露，仅在石缝中残留有土层。即使在人类未加以扰动以前，这些石山山脊地段都只能发育出灌丛草坡，一旦被人为陡坡耕种，就容易发生水土流失。第三，洼地底部相对平缓，土层也较厚，较低处有地漏斗与地下暗河和溶洞相通。在自然状况下，如果地漏斗被堵塞，就会形成高原溶蚀湖。不过，由于自然和人类活动的综合结果，今天绝大部分的高原溶蚀湖已被排干。第四，石灰岩山体中密布着众多大小不等的溶洞，这些溶洞就是当地苗族早年的穴居和崖葬场所。一些离地表较浅的伏流暗河也是当地苗族人畜用水的来源之一。需要指出的是，这些暗河最后都有地下出口直接通往蒙江、格凸河和乐旺河等几条大河。

　　麻山地区的平均海拔大约在 800 米，格凸河和乐旺河河面海拔仅 200 多米，最高的山峰可达 1 400 米，地表的相对海拔高差较大。短短一公里的距离，海拔高差都可以达到几百米。比如，作者重点调查的打郎村号寨组，从紫罗公路到居民住宅，直线距离不到一公里，但两处的海拔高差却超过 300米，沿着入村的小道要转好几个弯才能下到洼地底部的居民点，小道约两公

---

　　① 杨庭硕、潘盛之：《百苗图抄本汇编》，贵州人民出版社 2004 年版，第 243 页。

里长。类似的情况在整个麻山地区具有普遍性。当代居民聚落的一个共性特征就是所有的居民聚落都位于峰丛洼地的底部。进村和出村都得翻山越岭，地图上直线距离很近的两个村寨之间，由于要绕山走才能相通，实际要走的距离比地图上标注的距离要多出两到三倍。同时，由于山高水深，缺乏地表径流，流水大多以伏流状态存在，因而地表水源的短缺又成了当地民族必须适应的重大难题。

麻山地区的生态系统也呈现出一系列特异的景观。在河流的滩地，特别是宽谷坝区，往往会形成水生和湿生植物群落，这样的地段常有布依族居住，并且被开辟为稻田，而坝区山麓会形成茂密的亚热带常绿阔叶林群落，主要树种是木兰科、樟科、芸香科、棕榈科植物，间或有高大的榕树伴生。棕榈科植物对布依族、苗族都具有重大的利用价值。[①]高原台面上的各峰丛洼地则是另一番景象，每个峰丛洼地的生态景观大致呈现为同心圆结构。洼地底部是茂密的亚热带常绿阔叶林群落。主要树种与宽谷坝区的山麓地带相同。围绕洼地的环形坡面上，则是针叶树和落叶阔叶的混交林。针叶树中，以各种杉树和柏树为主。落叶阔叶树大多为桑科、壳斗科、蔷薇科植物。其中构树、核桃、椿树、榉树、板栗树对当地苗族有重大的经济价值。围绕坡面的环形石山山脊地带，则是带状分布的疏树灌丛草地。一个这样的同心圆生态景观结构，壮语和布依语都称为"弄"。[②]苗语则称为"山塘"或"基"，每一个洼地的底部都生息着一个苗族村社，"基"的苗语含义就是"村寨"。作者在调查中记录的重点调查村寨，如打郎、牛角、号寨、开岩就是这样的"基"。

除了景观分布十分特异外，如下四方面的特征也很具有代表性。第一，从单位面积看，生物物种多样性极为丰富，可以找到不少珍稀物种，如红豆杉、方竹等。第二，藤本植物、蔓生植物在这里旺盛生长，种类繁多，而且分布面极广，在上述列举到的各种生态系统中，都有大量分布。值得特意指出的是，当地苗族的众多生态知识都是围绕对藤蔓植物的培育和利用而展开的。不了解这些藤蔓植物的生态功效，就无法正确理解苗族生态知识的价值。第三，由于各峰丛洼地间具有一定的封闭性，因而，即使是两个相邻的峰丛洼地，物种构成都会具有明显的反差。作者所到的号寨、竹林寨，在峰丛洼地底部都生长有茂盛的芭蕉林，而在相邻的打郎、打毫，芭蕉就十分罕见。

---

① 吴正彪：《多元文化构建在生态均衡中的实践价值——以贵州省罗甸县木引乡的苗族、布依族对生物多样性的保护与利用方式为例》，《贵州民族研究》，2001（3），第52-56页。
② 马国君：《布努瑶石化山区资源利用的困境及对策分析》，《吉首大学学报》（社会科学版），2004（4），第16页。

再如，方竹就仅在竹林寨有，藤本棕榈就仅在戈枪有。

二、土壤脆弱因子

岩溶生态系统各圈层发生着地质地貌组合→水文土壤组合→植被和小生境组合结构的作用过程，不同组合结构的岩溶生态系统具有特殊的功能，其本底稳定性与脆弱性各异，从而形成了不同区域岩溶生态系统及生境类型的多样性。土层和表层岩溶带是岩溶地区岩石、大气、水、生物等四大圈层的敏感交汇地带，又是生态系统赖以存在的基础。[①] 因此，岩溶脆弱生态区的土层结构具有十分明显的特点。

首先，发育完全的碳酸盐岩风化壳，自下而上具有由基岩—溶滤层—杂色黏土层—黄色黏土层—红色黏土层—土壤层构成的特殊结构层次，风化成土是自下而上进行的，下部最新，上部最老。碳酸盐岩母岩与土壤之间通常存在着明显的硬软界面，使岩土之间的亲和力与黏着力差。其次，西南岩溶区长期处于热带和亚热带气候，强烈的化学淋溶作用，使风化物中较高的粘粒（<0.001 mm）发生垂直下移，形成上松（上层质地轻，孔隙度高，可达50%，水分容易下渗）下粘（质地黏重，孔隙度低，渗透性小）的一个物理性状不同的界面。岩溶区土石间和土层内部上、下层间存在的这两个质态不同的界面，使土壤产生壤中流，形成土层潜蚀、蠕动、滑移，是坡面土壤主要的侵蚀方式。[②] 之所以岩溶区的植被一旦遭受破坏，水土流失随之加速，环境生态很快恶化，并向石漠化方向演变，就是因为存在两个质态不同的界面，而界面处最容易发生突变，导致水土流失的产生和快速进行。在自然状况下，只有坡面生长的乔木根系插入岩缝中，才能有效地避免坡面泥石流的发生。当地苗族传统生态知识的一项突出内容就是尽可能地实行免耕，以避免水土流失的发生，以下将对此展开进一步的深入讨论。

碳酸盐岩的差异风化突出，使基岩面强烈起伏，在水平距离数米的范围内，基岩面高差可达数米，甚至十几米以上，差异性风化还使得风化（或溶蚀）作用并不完全集中在地表或近地表附近进行，在岩层深部也可以进行，从而降低了地表或近地表风化成土的有效性，风化残积土粒分布在不同深度部位，降低了地表土层的厚度。由于选择性溶蚀，碳酸盐岩基岩风化表面形成参差不齐的锯齿状表生带石芽地形。现代风化壳累积时间短，成土物质主

① 李阳兵等：《岩溶生态系统的土壤》，《生态环境》，2004（3），第434页。
② 蓝安军、熊康宁、安裕伦：《喀斯特石漠化的驱动因子分析——以贵州省为例》，《水土保持通报》，2001（6），第19-23页。

要充填在石沟、石缝中，与大片的石芽相间分布，"土根"扎得很深，形成典型囊状土被，土层平均厚度多数仅数十厘米。红色风化壳累积时间较长，土层平均厚度达 1-5 m，个别达 10 m，但仍常常在不同深度遇到突起的石芽个体或群体。[①]

碳酸盐岩区域土壤分布的特点是：碳酸盐岩提供的特定地质背景，特定地貌类型及其空间组合的控制格局，季节性的降水冲刷作用及人为的陡坡垦殖。土壤的空间分布受岩溶双层结构的影响。碳酸盐岩差异性溶蚀在地表形成大量洼地、岩石裂隙，大量的土壤物质聚集于此，在地表表现为土壤逐渐向裂隙、溶洼的退缩，附近的基岩逐渐暴露（石漠化主要发生在输出土壤物质的正地形区）。这就使得岩溶地区土壤分布极不均匀，土层厚度悬殊，这也是碳酸盐岩地区土被不能连续发育的主要原因。尤其在石灰岩分布区，地表土壤有进一步被带到深部地下管网堆积的可能。可以想象，碳酸盐岩地区的土层如果能均匀分布于地表，则基岩裸露，石漠化就不会这样严重。[②]

部分学者提出岩溶区水土流失严重是形成石漠化的重要原因，但对贵州省水土流失的调查中发现，岩溶地区侵蚀强度和侵蚀程度不一致的现象突出。岩溶石漠化区的水土流失强度并不比碎屑岩区严重，岩溶地区土壤亏损的负增长过程并不完全依赖于水土流失速率，在很大程度上取决于特定地质环境背景下的成土速率和岩溶地区特有的"土层丢失"现象。岩溶区成土速率慢，土壤允许流失量最多不超过 50t/（km² · a），不同于紫色页岩的风化→侵蚀→风化→侵蚀的过程（母质侵蚀）。以红枫湖流域为例，碳酸盐岩风化残留物的成土速率仅为物理侵蚀速率的 1/3。实际上碳酸盐岩化学侵蚀是一个成土过程，但同时应该区别碳酸盐岩的溶蚀风化过程和溶蚀侵蚀过程。前者为土化过程；而后者，水流不但溶移了碳酸盐岩矿物，而且将所有溶出及后生的黏土矿物一起带走，是岩溶形态的塑造过程。对于土壤厚度有限、种子库和养分仅存于土壤剖面顶部 20-30 mm 的岩溶贫瘠土壤来说，这是重要资源的永久损失。同时，土被是岩溶石山区最大的水分贮存库之一，其损失也必将加剧岩溶性干旱。上述特点是碳酸盐岩地区土壤脆弱性与其他岩石类型区的根本区别之一，也是岩溶地区土地利用较困难的原因。

由于岩溶地区特有的双层地表形态结构，除土层自然侵蚀外的另一种"土壤丢失"现象在岩溶山区地表土层的发育过程中扮演着重要的角色，碳酸盐

① 朱安国、林昌虎：《山区水土流失因素综合研究》，贵州科技出版社 1995 年版，第 46 页。
② 李阳兵等：《岩溶生态系统的土壤》，《生态环境》，2004（3），第 434 页。

岩地区，在重力和水的作用下，土粒沿垂直和水平方向上经微距离和短距离搬运到地注部位或地下空间中，甚至由地下河带到更远的地方，从根本上制约了地表残余物质的长时间积累和风化壳的持续发展，使区域土层长期处于负增长状态。这是碳酸盐岩地区地表少土的重要原因，也是形成石漠化的最主要地质因素。需要指出的是，岩溶地区土壤侵蚀是与第四纪生态环境的演变、与土地利用景观的演化紧密联系的，现代侵蚀是自然侵蚀和人为加速侵蚀的综合作用过程。[①]

从岩溶地区土壤形成演变机制中可以得出结论，目前所见碳酸盐岩台地上的红土层应该是全新世以前形成的，岩溶地（山）区土壤不足甚至土壤奇缺是"先天性"的地质环境造成的，而且随着时间的推移，由于水土流失的不断进行，土壤还将会越来越少，生态环境也将越加恶化。这是岩溶环境自然本底，是岩溶土壤资源稀缺性与脆弱性的一面，生态格局与过程受限于此。但岩溶土壤资源还有高肥力性与多样性的特征，土壤总量少，但仍然是岩溶生态系统的养分库、水库和种子库，是岩溶生态系统演替的基础。[②]我们必须利用其优势。

岩溶环境表土侵蚀受微地形影响，大部分被侵蚀的土粒经短距离位移，在低注部位堆积，但照样可划为侵蚀区和堆积区，形成土壤层的空间斑块分布与土壤的资源岛特性。一般在小气候和植被生长条件较好的幼年期岩溶地貌单元，如较高的石峰上部的岩隙、溶裂、溶沟、溶洼及山麓凹处，或排水不良的坡麓、槽谷和封闭洼地中有黑色石灰土发育。黑色石灰土有较厚的均腐殖质层，并形成较好的团粒结构，自然肥力高，养分丰富。因此，岩溶土壤上的生物量也是相对可观的。

土壤的生态功能还与植被有着密切的关系，但这也往往是被地质学家所忽略的一项重要的岩溶生态系统特点。事实上，石生植物（藻类、地衣、苔藓等）在石灰岩表面分布十分广泛，一般湿润地区近地表石灰岩表面几乎很少是纯裸露的，大都具有这类植物覆盖，而这种植物的覆盖及其产生的相应作用，往往是一种重要的岩溶侵蚀营力和成土作用。苔藓殖居后，进一步提高了岩石的持水量，随着苔藓的发育，苔藓假根常黏结大量的棕黑色的细粒土。石灰岩表面苔藓等植物形成的土壤中，全 N、全 P、全 K 质量分数分别为 47.1 g/kg、1.234 g/kg、4.37 g/kg，速效 N、P、K 质量分数分别为

---

① 周德全、王世杰、张殿发：《关于喀斯特石漠化研究问题的探讨》，《矿物岩石地球化学通报》，2003（2），第 127-132 页。

② 李阳兵、王世杰、谢德体、邵景安：《西南岩溶山区景观生态特征与景观生态建设》，《生态环境》2004（4），第 702-706 页。

1 276.0 mg/kg、102.0 mg/kg、186.4 mg/kg。随着土壤的逐步形成，碳酸盐岩生境中植物群落的正向演替为沿裸露岩石→藻菌、地衣群落→苔藓、蕨类植物群落→草本植物群落→木本植物群落。以生物量增长及土壤形成纽带，其演替为石质岩溶→生物岩溶→土壤岩溶→生态系统岩溶，最终成为以生物活动和土壤媒体过程为主导的岩溶生态系统。岩溶生态系统土壤的形成、演化是与植被的生长相互促进的。因此，在土地未出现石漠化灾变前，基岩和砾石表面都会发育出苔藓层，甚至会将整个岩石包裹起来，最厚的苔藓层可以长到两个厘米厚，还伴生有蕨类植物。岩石上包裹的这种苔藓层，在当地具有重大的生态价值。因为，苔藓层具有很强的储水和保水作用，在大气降水时可以储集大量的淡水资源。这样储集起来的水资源是支持当地生态系统稳定的关键环节。当地苗族的生态知识有相当一部分就与促成和维护苔藓层的形成相关，同时，苔藓层的厚薄也是苗族判断土地利用价值的标示物之一。

麻山当地的土壤，粒度细，透气和透水性能都差，但植物生长所需的无机养分却较为丰富，这样的土壤，如果有机质含量降低，很容易板结。当地苗族乡民在调查中常常提到，他们的地犁不动，必须用锄挖，原因之一正在于此。另一个特点是，地表土层的分布极度不均衡，一般而言，峰丛洼地的底部，土层较厚，石山的坡面和山脊，土层极薄，但暴露在地表的岩缝却深浅不一，有的岩缝下方与巨大的溶蚀坑相连，坑中填满了大量的泥土，可以支持高大乔木的生长。当地苗族的传统生态知识，就集中表现为通过观察地表植物在盛夏季节的蔫萎程度推断植物着生的岩缝地下土层的深浅。①

至于峰丛洼地四周环绕的山脊地带，由于土层薄，容易流失，在自然状况下只能发育出灌丛草坡来，但不排除其间有个别岩缝。由于与溶蚀坑相连，这样的乔木，只能以星点状分布在灌丛草坡间。生态学家对这样的生态景观，有一个专门的称呼，即"疏树草坡"。在这样的山脊地带，地表植被一旦毁损，就会蜕变为石漠化地带。因此，当地苗族具有对不同区域不同程度的水土流失状况的认识和了解。在他们的传统知识系统中，保留着大量的应对石漠化地段的知识内容，也就是十分自然的事情了。值得一提的是，由于上面提到的岩溶生态的土壤特点，这样的地带即使严重石漠化，在某些岩缝深处，仍然保留着大量的泥土，不会轻易地流失，不仅可以支持农作物的生长，还能支持高大乔木的生长，对当地苗族群众而言，仍然是可以利用的土地资源，当地的苗族和瑶族至今仍然在类似地带种植小米、天星米等农作物，而且产量不低。

---

① 屠玉林：《岩溶生态环境异质性特征分析》，《贵州社会科学》，1997（3），第 176-181 页。

三、气候脆弱因子

麻山地区属亚热带湿润季风气候，冬无严寒、夏无酷暑。年均气温 15.3 °C，无霜期 288 天，年日照时数 1 440 小时，累年平均降水量为 1 337.1 毫米，与贵州省三大降水中心之一的普定年降水量（1396.9 毫米）接近。最高值可达 1 738.6 毫米（1969 年）。最少值是 1 002.3 毫米（1963 年）。由于受季风的影响，有明显的雨季、旱季之分。每年 11 月至次年 3 月是旱季，累年平均降水量为 135.2 毫米，仅占全年总降水量的 10.1%；4-10 月是雨季，降水量 1 201.9 毫米，占全年的 89.9%。雨季的 7 个月又有三分之二的雨量集中在 5-8 月，降水量达 878.7 毫米，占全年的 73.1%。雨热同季，相对湿度平均为 79%。[①] 麻山地区的气候特点具有明显的地域性小气候特色。

打郎村及其周边地区，属于紫云县东南部一熟二熟混作重春旱少雹区。海拔一般在 800-1 000 米。年平均气温在 15.9 °C-17.0 °C。年日照时数 1 050 小时。年光照比值为 0.64-0.71。年太阳总辐射量在 79-80 千卡/平方厘米。1 月平均气温 6.3 °C-7.4 °C，7 月平均 23.3 °C-24.4 °C。稳定通过 10 °C 的初日在 3 月 21-28 日，终日在 11 月 11-20 日。全年无霜冻天数 309-320 天。年降水量 1 100-1 200 毫米，雨季在 4 月底开始。气候条件较差，因受山体遮蔽，光照时间短，岩溶发育。地表水奇缺，地下水深埋。干旱现象突出，人畜饮水困难。[②]

麻山地区的气候特征还有如下一些特点，不容忽视。首先，麻山地区不同地点的气候差异十分明显。比如，格凸河、乐旺河河谷就有小规模的焚风地带分布，在原生状况下能够发育出常绿阔叶林来。但在山脊地带，夏季的平均气温要比紫云县城低 2 °C-3 °C，在最寒冷的一月份，还会出现凌冻、冰雪天气。而且，每一个峰丛洼地的底部和顶部都会呈现明显的反差，洼地底部的居民区，夏季时湿热难当，粮食、衣物很容易霉变，这正是当地苗族人民至今仍然延续使用传统的高脚圆仓储备粮食的原因。石山的山顶部在夏季却十分凉爽宜人，也正因为如此，小米一类的耐旱植物都种在山脊地带，而瓜果和麻类植物则种在峰丛洼地的底部。其次，由于每一个峰丛洼地周围都有石山环绕，在阳光下，地表受热很不均匀，因而，在夏季会出现小规模的旋风。土地石漠化程度高时，旋风强度会明显加大，

---

① 、② 紫云苗族布依族自治县编纂委员会：《紫云苗族布依族自治县县志》，贵州人民出版社 1991 年版，第 92 页，第 97 页。

成为当地近年来新起的灾害性天气。① 与此同时，冬夏季风对麻山地区各地段的影响又会大不一样。一般而言，山脊地带可以感觉到明显的冬夏季风风向的变化，但在峰丛洼地的底部，无论冬夏，都基本上平静无风。再次，麻山地区不同地段的相对湿度，反差也十分明显，麻山地区的南部，今望谟县境内的麻山、乐旺一带，由于坡面向南倾斜，从南海和孟加拉国湾吹来的暖湿气流，在这里受到地形的限制而爬升，常年多雾，秋冬季节更为明显。有时，浓雾会连续四五日不散，收割的粮食晒干极为困难。苗族居民只好把玉米留在地里，不收割进粮仓，只是把玉米摘弯以后吊在玉米秆上，等待深冬天晴玉米晾干以后再收割。而麻山的中部和北部地带，由于地势较高，浓雾天气相对较少，但起露的日子却非常多，这是因为此地带不仅湿度大，而且昼夜温差也大，所以春夏秋三季，几乎每天都要起雾。当地人形象地说："我们这里的石头每天都会出汗。"作者在调查期间，就注意到几乎每天早上，岩石、草丛和庄稼上都残留着许多露珠，一不小心就常常会把鞋子弄湿，当地人晾晒的衣物和粮食，也习惯性地在太阳落山前收回，避免受潮。这种情况不仅直接影响了当地苗族人民的生活习惯，而且对农作物的生长样态也会造成明显的影响。夏季时，几乎所有的农作物白天都要蔫萎，入夜后又会恢复生机。当地苗族乡民说，他们种植的农作物不管是瓜豆还是粮食，都比外地甜。这一点也不夸张，这是所处自然环境和特有的小气候导致的结果。总之，理解麻山地区的水资源再生，不仅要注意大气的垂直降水，而且还要注意浓雾和露水一类的水平降水的作用。这一点，可以在当地苗族的传统生态知识中得到直接的印证。最后，各峰丛洼地如果地表植被受到严重损害，达到石漠化的程度时，还会派生出一种新起的气候特征来，那就是生态学家所说的"岩溶性干旱"。作者在麻山地区调查时，宗地乡的一位乡领导干部说起他在盛夏时节穿越石山地带时，总感觉非常闷热，很不舒服。经过作者和同事的实测，阳光下的岩石表面温度可以上升到 42 ℃，1.5 米处的气温可以达到 31 ℃ 以上。这种特殊的小气候现象，当然会严重地干扰植物的生长，当地苗族的传统生态知识和技术技能，很自然地会针对这一特有现象作出适应，并积累起成套的经验。

　　因而，单纯凭借各县气象台提供的数据很难用来说明当地的气候特点，而当地苗族的传统生态知识则能成功地规避这些不利的小气候因素，正确地解读这样的传统生态知识，反而能够较好地掌握当地的小气候特点。

---

① 作者于 2007 年 8 月 18 日访谈笔记："前年的风灾最严重，去年不严重，今年我家有一块地，是一片种在平地的杂交包谷，有 6 分地，种的安郡 136 号，因为风灾太厉害，直接是拿柴，我用了 10 捆柴，把柴和包谷捆在一起。"

由于当地苗族在历史上和当前对资源的利用方式互有区别，因而当地的生态系统表现出来的特点也有所不同，需要分别总结。早年，这一地区的苗族人民采用的是游耕加狩猎的生计方式，生态系统的脆弱性集中表现为以下四个方面。第一，陡坡坡面上的土壤不能翻动，翻动之后容易诱发水土流失。当时，苗族人民是采用免耕手段规避这一脆弱环节的。第二，溶蚀湖一旦被人为排干，就会加剧地表的缺水。第三，普遍分布的藤蔓、丛生和藤本植物，不允许清除，必须精心维护。这些藤蔓和藤本植物的受损，会导致包裹岩石的苔藓层消失，导致坡面水资源的匮乏。第四，基岩和砾石表面的苔藓层，需要精心维护，维护方法体现为保证足够的荫蔽度，避免苔藓暴露在强烈的日照下而遭致损伤。古代苗族人民由于实行游耕生计，因而上述几个方面都可以得到有效的规避，维护了生态环境的稳定运行。

自改土归流以来，当地的苗族人民为了应对族际环境的剧变，陆续改变了传统的资源利用模式。这种情况在 20 世纪表现得尤为突出。经过长期的积累，当地的生态系统已有所变化，在相当大的范围内，直接蜕变为石漠带。对石漠化灾变区而言，新生的脆弱性[①]表现为如下三个方面。第一，由于基岩和砾石大面积暴露在阳光直射下，盛夏季节会造成局部地段的超常高温，并诱发为大气和土壤干旱，直接制约着农作物的生长。当地苗族的生态知识，集中表现为利用藤蔓和丛生植物作为覆盖物去抑制温度的日际波动。第二，随着地表土层的完全丧失，能够支持植物生长，特别是乔木生长的立地位置，仅限于溶蚀坑的狭窄开口。同时，已有的灌木和荒草还要通过种间竞争的方式抑制乔木的存活。这就导致了森林生态系统恢复的艰巨性。当地苗族的生态知识，正表现为识别这样的溶蚀坑开口，靠人为干预去加快森林生态系统的恢复。第三，坡面水资源储集量匮乏是制约石漠化地段生态恢复的最关键制约因素。苗族生态知识，在这一点上也有重大的建树。当地的苗族人民利用已有的荒草和灌丛作遮蔽物，培育藤本和丛生植物，加大遮蔽面，减少水资源的无效蒸发，同时，用泥石堆砌在苗木的根部，借以冷凝露水，以增加水资源的补给。

第二节 麻山的石漠化

当前麻山地区最突出的生态问题是石漠化。所谓石漠化灾变，即土壤的

---

① 李阳兵、王世杰、魏朝富、龙健：《岩溶生态系统脆弱性剖析》，《热带地理》，2006（4），第 303-307 页。

石质荒漠化，是指喀斯特脆弱生态环境下，由于人地矛盾突出，人类不合理的社会经济活动而造成植被破坏、水土流失、土地生产能力衰退和丧失，地表呈现类似荒漠化景观的岩石逐渐裸露的过程及结果。[①]

对于土地石漠化的成因，学术界向来就有争议。有人认为，导致石漠化的主要原因是自然结构特点所使然，人类的活动仅是推波助澜而已。也有人认为是自然与人类活动相结合的产物。当然，还有其他一些观点，是将石漠化的成因归咎于自然环境的变迁。但作者认为，必须纳入文化这一要素才能正确地揭示石漠化的成因。因为人类必然具有文化的分野，不同文化规约下的社区对资源的利用方式很不相同。不同的利用方式对生态系统构成的冲击方向、力度和影响也不同。有的利用办法能成功地绕开生态系统的脆弱性，有的利用办法则与生态系统正面冲突，还有些利用办法能改善自然生态系统的脆弱性，因此，单纯地追究自然的原因或者无差别地追究人类活动的结果，都不能揭示石漠化灾变的真正原因。

文化人类学研究的重点是人类文化，而不是石漠化灾变。因此，要从民族文化的视角去认识石漠化灾变的原因，显然得尊重自然科学家的研究成果。这样做，不仅符合研究方法，而且容易获得学术界认同，更容易与研究对象交流。有鉴于此，本书对石漠化的定义分类和等级认证，一概取准于当代公认的标准，仅是在成因的探讨时，与麻山苗族的文化紧密地结合在一起，而形成的结论，将尽可能地符合自然科学的认证指标和规律。

对于这样的定义，作者认为有三点需要补充：第一，"荒漠化"一词，本身具有鲜明的感情色彩和不容回避的价值取向，将石漠化灾变归类为荒漠化景观，本身就有明确的立场，那就是从农耕民族做出的价值判断。这样的生态系统，固定农耕难以实施，然而，不应当否认，即使是蜕变为石漠化生态系统，仍然是自然界早已存在过的生态系统，在人类未产生以前，自然原因同样可以导致石漠化景观的出现。足证，对石漠化的这一定义，本身就具有鲜明的文化属性。这正如生活在沙漠的人们对沙漠习以为常一样，他们不以为沙漠是灾，反而天天和沙漠相处，心安理得。第二，既然称为石漠化，显然意味着一个过程，即从非石漠化生态系统蜕变为石漠化生态系统。因此，认定某一地区是否呈现了石漠化景观，必须具有历史的眼光，必须证明这一地区曾经有另一种生态景观的存在。对麻山地区而言，今天石漠化的地段，在此之前，要么是亚热带季风丛林，要么是疏树草坡，但绝不是今天的石漠化景观。第三，对实质的理解也值得注意，时下的石漠化灾变是对成土较难

[①] 沈赤兵：《贵州省石漠化评价体系和等级标准确定》，《贵州日报》，参见 http://www.gzhjbh.gov.cn 2004-12-08。

的实质而言。这在作者的调查点附近就能找到例证。在这里，麻山和花山是两个对举的地理概念，相互毗连，主体居民都是麻山苗族人民。差别在于，麻山地区出露的基岩和砾石是石灰岩，而石灰岩是一种成土速度极慢的岩石。麻山地区被学术界公认为石漠化灾变的重灾区是一件很自然的事情。相比之下，花山尽管也分布着厚厚的石灰岩层，但这一片区在成陆前经历过浅海沉积阶段，因而地表覆盖着一层页岩，而页岩是风化成土速度最快的岩石，因而在花山地区，地表的土层较为深厚，然而，在花山地区石灰岩和页岩大面积出露地表也是一个普遍现象，出露的比率并不比麻山低，但学术界并没有把花山地区列为石漠化灾变的重灾区。原因正如当地乡民所说，这里的页岩只要暴露在阳光下，两三年就变成土。如果按照严格的水土流失模量，花山比麻山还高，但花山并不感到缺土，自然也没有人说花山出现了石漠化灾变。

补充了上述三项理解后，我们确实得承认自然科学工作者的结论，麻山是中国石漠化灾变最严重的地区之一。原因在于，不管是文献记载还是乡民回忆，在半个多世纪以前，麻山仍然有大片的亚热带丛林，今天看到的荒漠化景观，并非古已有之，而是生态演替的后果。与此同时，基岩和砾石出露的比例确实大得惊人。这里仅以作者实测过的一个样方为例，基岩和砾石的出露比例可见一斑，如表 2.1 所示。

表 2.1　10m×10m 调查样方实测登记表

调查时间　2007 年 8 月 17 日 8∶30	序号　6 号样地（10m×10m）
地名　牛角组上坟山	石漠化程度　较高程度石漠化
卫星定位数据	经度　106°24′52″
	纬度　25°24′06″
海拔高度　950 米（误差 7 m）	岩石表面温度　30 ℃
土壤表面温度　24 ℃	湿度　62%
地块主人　梁小光	土地利用类型　弃耕地、丢荒地
土地利用状况	2003—2005 年种玉米
	2006 年起丢荒
基岩出露面积　57.948 m²	地表石砾盖度面积总和　9.816 m²
石漠化比例　66.83%	土层暴露面积总和　7.28 m²
植被覆盖度　25.89%	岩缝数目　44
着生乔木　构树、润香	草本　肾蕨、狗尾草、积雪草

资料来源　福特基金项目"中国西部地方性知识的发掘、利用、推广与传承"紫云调查小组实测样方。

凭借这个样方资料,其石漠化程度已经达到了自然科学工作者认定的较高程度石漠化标准。然而,当地苗族乡民会说他们这里很穷,生活很苦,但却不会说他们这里很荒凉,并不知道他们所处的环境属于荒漠景观,他们反而会说"银子在白崖,不苦不来","一碗泥巴一碗饭"。因而,他们把自己的生活和这块土地紧密地联系在一起,总是重土难迁,舍不得搬家。关于石漠化灾变的类型和等级划分,在目前的实际工作中往往将石漠化等同于基岩裸露,或将岩石裸露所占面积达 70%以上的地带划分为石漠化地区,裸露的碳酸盐岩面积小于 50%的地区为无明显石漠化区。在石漠化评价指标选择和石漠化强度与等级的划分等方面尚缺乏深入研究,仅从地表形态根据基岩裸露面积、土被面积、坡度、植被加土被面积、平均土厚将石漠化强度分为无明显石漠化、潜在石漠化、轻度石漠化、中度石漠化、强度石漠化、极强度石漠化,轻度以上石漠化面积占贵州全省土地面积的 20.39%[1];或根据裸岩面积百分比、植被覆盖率、地表景观特征、裸岩出露方式、土地生产力下降率将石漠化程度分为轻度、中度、强度,石漠化土地占全省土地面积的 7.9%[2]。近年来的研究开始逐步深入,才陆续将土地资源所支撑的生物量、土层的厚度等要素纳入石漠化评价指标体系必须参考的内容。值得注意的是,一些很有见地的研究者注意到将土地资源的利用方式纳入石漠化评价指标体系的紧迫性,比如王世杰、李阳兵等人就在"目前的石漠化现状调查和分类评价研究中"[3]强调了根据岩石裸露现状进行的石漠化程度分级,而并没有考虑到土地利用方式这一主要影响因子,在相当程度上忽视了石漠化土地的成因类型和不同成因类型的石漠化土地的生态功能的差异性。有可能使石漠化治理的工程布局出现失误,因此,有研究者提出石漠化土地的景观+成因的两级分类模型。[4] 这是一项值得庆幸的发现。因为,土地资源的利用方式是民族文化的派生产物,自然科学工作者注意到了这一点,人文科学工作者与自然科学工作者的交流和沟通也就有了坚实的认识基础。当然,要取得真正意义上的共识,还有一段漫长的路要走。为此,比较一下民族志中的相关资料,显然大有好处。就麻山地区而言,即令是自然科学工作者定义的重度石漠化

① 熊康宁、黎平、周忠发:《喀斯特石漠化的遥感—GIS 典型研究—以贵州省为例》,地质出版社 2002 年版,第 131 页。

② Wang Shijie, Zhang Dianfa, Li Ruiling: Mechanism of rocky desertification in the karst mountain areas of Guizhou province, southwest China. International Review for Environmental Strategies, 2002(1), P123-135。

③ 杨胜天、朱启疆:《贵州典型喀斯特环境退化与自然恢复速率》,《地理学报》,2000(4),第 459-466 页。

④ 王世杰、李阳兵:《生态建设中的喀斯特石漠化分级问题》,《中国岩溶》,2005(3),第 192-195 页。

地带，如果用于饲养牲畜，基岩的裸露比例和土层的厚薄，其影响并不大，很难理解为一种灾变。当地民间流传着一个故事，说一些来自新疆等牧区的参观人员在考察完麻山地区以后感慨地说："麻山的情况比我们那里好多了，至少有草，可以喂牲畜，我们那里连草都不长，那才是真正的艰苦。"这个故事折射出文化视角的差异，它足以表明，不同利用方式对评价是否算灾，关系更为直接和密切，超过了岩石出露这一指标本身。

即使是对农业生产而言，岩石出露是否算灾，也存在着深究的余地。目前一些科学工作者正在进行贵州西部石漠化地区北盘江河谷的生态恢复研究。他们通过在石缝中种植花椒，收到了较为理想的生态恢复成效。需要指出的是，种植经济作物也是农业生产。可见，基岩大面积出露，还不能说是对一切农业生产都是灾难。而且，就我们已知的民族志资料而言，即使是种粮食作物，也存在着很多种不同的粮食，在大面积基岩出露的地方显然无法种植禾本科粮食作物，因为无法翻耕土地。但民族志资料告诉我们，土耳其的某些地区是以扁豆作为主粮，像麻山这样的石漠化地区，一直就非常重视豆科植物的种植。如果麻山苗族引进这样的文化要素，以豆科植物作为主粮，那么，基岩大面积出露对他们又有什么影响呢？在西部非洲的几内亚湾，还有更多的民族是以芭蕉作为主粮，而芭蕉恰好在麻山可以顺利生长，麻山苗族现在也还在部分地将芭蕉作为粮食使用。在我国的傈僳族和新几内亚的部分族群中，还使用董棕作为主粮。可见，根据基岩的裸露程度作为石漠化评价的主要指标仅是针对禾本科大田作物提出的灾害判断标准，不具有普适性。其实，麻山地区苗族人民的生态行为就已经明确地告诉了我们，他们并不以基岩大面积出露为灾，因为他们早就种植多种豆科植物作为辅助粮食使用。

自然科学工作者一度沿用的以土层的厚薄作为石漠化评价的依据之一，同样大有深究的必要。一方面，要真正地实测土层的厚薄，在喀斯特山区不具备可操作性。麻山的每一个乡民都知道，某些岩缝中堆积的泥土很深，否则在石山上就不可能长出参天大树来。同样的道理，在他们犁田或者翻地时，也充分考虑到了土层厚薄的差异，否则的话，他们就不会沿袭使用翻锹翻土，较少用锄头翻土，更少使用犁翻土。总之，土层的厚薄对生态系统是否能稳定延续十分重要，但问题在于，大面积测量土层厚薄，在实践操作中难以做到。因而，尽管引入这样的标准十分必要，但却不一定能够反映实情。关于石漠化灾变的发展趋势，要做出明确的界定，同样存在着诸多困难，因为这涉及石漠化的成因问题。长期以来，习惯性的看法认为，今天看到的石漠化重灾区，早年都是有厚厚的土层存在，是严重的水土流失导致了石漠化。而测量水土流失的惯用指标就是水土流失模量。然而，在麻山地区，无论用什么样的精确手段测量水土流失模量，所得出的数值都极低，这是由于这个地区在历史上从来没有过深厚的土层可供不断的流失。因而，记录到的水土流失模量虽然不高，但危害的程度并不轻。在今天的麻山地区，不少高度石漠化的地段，已经无土可流，无论是多大的暴雨，都很难冲下泥土来，然而，在这里并不是真正的没有土。在石灰岩的刀砍状裂纹中，仍然有土壤存在，但却不会被流走，而这样的石夹土，土夹石，恰好是它的自然生态系统的本底特征之一，今后的生态恢复，能够依赖的正好是这种夹在石缝中的土壤。承认这一自然本底特征，动用文化手段，推动生态恢复，更具实践意义和理论价值。

目前的研究显示："有些石漠化地区虽经过长期封育，仍不能恢复植被；有的治理模式因为严重的地域局限性或欠考虑地方经济承受能力，无法大面积推广；有的地区引种外来植物不当，诱发生态危害，抑制当地作物生长。总体而言，除国家投入不足和政策失误等原因外，对石漠化发生机制与喀斯特生态系统稳定性机制不清楚，缺乏比较完善的石漠化防治理论和技术体系也是重要的原因。"[①] 麻山地区苗族的传统生态知识和技术技能，恰好可以在动用文化手段，推动生态恢复方面作出突出的贡献。

第三节　麻山的历史概况

元代以前，范成大的《桂海虞衡志》一书将麻山所处地域理解为羁縻州郡以外的"生界"，并说这一地区的居民是"生瑶"。[②]元统一全国后，权臣斡罗思通过壮族和布依族土司控制了桑州（今望谟县桑郎）。以桑州为基地诏谕散居在麻山地区的苗族人民，《元史》中将这部分苗族通称为"桑州生苗"。

明永乐十一年（1413 年），朝廷正式设立了贵州行省。麻山地区偏处于贵州省、广西壮族自治区之间，是一个被众多土司领地所包围的"苗族生界"。其东面是八番各布依族土司的领地，北面是苗族金筑安抚司和彝族宁谷长官司的领地，西面是布依族康佐长官司的领地，南面是广西泗城壮族土司的领地。明朝田汝成的《炎徼纪闻》称当地居民为"克孟牯羊苗"，并对他们的文化习俗做了详细的说明。[③]

---

① 王世杰、李阳兵：《喀斯特石漠化研究存在的问题与发展趋势》，《地球科学进展》，2007（6）。
② 这是宋代时的称谓习惯，当时苗这一族称尚未通用，宋代典籍往往将苗族也泛称为瑶。
③ 田汝成：《炎徼纪闻》卷四，《丛书集成初编》，商务印书馆 1937 年版，第 56 页。

麻山地区的自然地理背景和迥异的经济文化生活造就了它长期处于中央王朝控制之外的格局。从地理特点上看，麻山地区地表崎岖，交通极其不便，河流又没有通航之利，中央王朝无论从任何方向进入麻山，都困难重重。另外，麻山地区具有较强的封闭性，每个峰丛洼地只能允许十多户到四五十户的人家生存，峰丛洼地之间交往困难，这是超越家族村社的强大地方势力在当时无法克服的自然环境障碍。从经济生活上看，由于这里的苗族人民实施的是游耕兼狩猎—采集的生计方式，这种生计方式产出的产品种类多而批量小，而且产品与其他地区的反差太大，很难纳入统一的税收体制，这是中央王朝难以在麻山地区设置行政建制的重要原因。从文化上看，不仅语言不同，而且居住、服饰等都与汉族差别极大，这种特性也放缓了中央王朝将之纳入行政区划的步伐。

明嘉靖以后，麻山周围地区的各族势力发生了激剧的变化，原先周围各土司世袭领地相互牵制均衡的格局随着明朝的衰微而被打破。其中，最有代表性的是金筑安抚司的控制力日趋衰落，最后被迫于明万历四十年（1612 年）自愿申请改土归流，在其领地设置广顺州。原金筑安抚司控制下的麻山苗族因此变成了中央王朝直接统治的居民。与此同时，泗城土司的控制势力迅速膨胀，土司家族内部的承袭之争引发了一连串的械斗，而明朝鞭长莫及，致使纷争中失利的一方逃窜到了八番各土司和康佐司境内，打破了麻山周围地区众多小土司并存、相互牵制的均衡格局。随之而来的布依族散兵游勇北上引发了一连串的权力之争，并多次威胁到明朝在这一地区的统治。由于麻山周围各土司相互制衡，任何一方均无力单独控制麻山全境，保留下来的"生界"被打破。

明末清初，西南地区政治风波迭起，其主要的政治、军事冲突有如下一些：奢安之乱、孙可望继权、南明王朝流窜贵州、孙可望与李定国混战、清廷收复西南、清廷平息三藩之乱、清廷削减土司势力等。在这一连串的政治风波中，麻山地区的苗族因受周围土司的裹挟而卷入朝廷与地方势力的纷争之中。在上述政治风波平息后，麻山地区开始重归于平静。但这里已不是原有的"生界"了，已经变成了周围各布依族土司私下瓜分宰割的角逐场。同一时期的汉文典籍中对麻山苗族的称谓错综复杂，正是麻山地区各族关系错综复杂的反映。

清廷初步稳定在贵州的统治后，在麻山地区推行了一系列的整顿措施。对少数民族仍然实行低税赋甚至免税赋的管理办法，同时大力引进中原生产技术，向民族聚居区推广。执行这一经济措施最得力的代表是杨雍建。他任职期间在麻山地区推广种麻，使麻山地区逐步形成了一个具有较高商品率的产麻基地，"麻山"一名从此才正式形成。同时又在麻山苗族的南部土语区和相邻的布依族地区大力推广种棉，形成商品率较高的棉花生产基地，"花山"也因此而得名。在推广棉麻种植的同时，玉米、红苕、烟草、西红柿等外来作物也在麻山和花山地区得到推广种植，从而改变了麻山地区长期依赖小米等旱地作物为生的农业生产格局，使玉米逐渐成为当地的主粮。①

民国时期，由于麻山所处的位置偏远，清代遗留下来的行政管辖混乱，一时还难以廓清。因此，在民国三年（1914 年）的行政疆界划拨中，这里作为遗留问题搁置下来。20 世纪三四十年代，麻山苗族居民在熊亮臣的领导下发生了武装起义，反抗国民党政府。起义被镇压后，为了对麻山地区分而治之，国民党政府将麻山地区的南部从紫云县划拨出来，将贞丰县的东部辖地、罗斛分县的西部辖地和紫云县南部辖地划出，设置望谟县，并修通了紫云直达望谟的公路，直到这时，才最终划定了相关各县的县界。新置的望谟县统辖了麻山地区的南部，而从归化厅改设的紫云县，则管辖着麻山地区的西北部。广顺县和长寨分县则分辖麻山地区的东部和东北部，罗斛分县则统领麻山地区的东南部。惠水县则统辖麻山的董上一带。巩固了麻山地区被不同的行政建制分别治理的格局。

中华人民共和国成立后，随着黔南、黔西南两个民族自治州的先后设置，最终形成了今天麻山地区分属两个自治州和安顺地区总共五个县的格局。

可见，麻山是清代改土归流后才兴起的称谓。由于使用的时间很长，在使用的过程中又发生过多次变动，因而，今天学术界所称的麻山有广义和狭义之别。广义的麻山地区是指黔中和黔南地区的喀斯特高原台面。"据清代以前的民间神话传说，麻山是一条龙，'头饮红水河，身卧和宏州，尾落大塘地'。包括：今望谟、紫云、长顺、惠水、罗甸、平塘等六县边缘结合部中的桑郎、乐旺、打易、猴场、水塘、板当、摆所、代化、王佑、断杉、三都、罗悃、逢亭、城关、边阳、沫阳、西关、通州等 18 个区里的渡邑、昂武、纳夜、伏开、麻山、述里、乐宽、蛮洁、由亭、二尼、交纳、八布等属望谟县的 12 个小乡；四大寨、茅坪、猴场、猫场、大营、三合、平坝、白花、妹场、打郎、宗地、红岩、水塘、坝寨、岩脚、羊场、克混、板当等属紫云县的 18 个小乡；摆所、营盘、中坝、简庆、交麻、灯草、斗省、木花、鼓羊等长顺县的 12 个小乡；王佑、断杉、三都等属惠水县的麻山乡等 14 个小乡；平亭、罗暮、罗苏、云里、纳平、木引、摆隆、油闹、董王、猴场、云干、板庚、罗化、大文、深井、兴隆、罗沙、达上、交砚、翁堡、平岩、田坝、董架属

① 吴正彪：《贵州麻山地区苗族社会历史文化变迁考述》（未刊稿）。

罗甸县的 23 个小乡；卡洛、谷硐、卡腊、边兰、油巴、新塘、大塘等属平塘县的 7 个小乡；六县总计约有 86 个属于麻山地区范围的小乡，总面积约 5 千平方公里，总人口约 48 万。"① 这一说法就是广义的麻山，即通常所称的"大麻山"，包括今黔南布依族苗族自治州、黔西南布依族苗族自治州和安顺地区三大地域毗邻的结合部。②

狭义的麻山地区，也称为大麻山，包括今安顺地区紫云县的东部和东南部的板当、宗地、水塘、大营、四大寨和猴场，黔南布依族苗族自治州长顺县的敦操、代化、交麻，罗甸县的董望、木引、纳坪、罗苏、罗暮，黔西南布依族苗族自治州望谟县北部和东北部的麻山、桑郎、纳掭、乐旺，一共 21 个乡镇。③ 大麻山是典型的石山区，而且主体居民都是苗族人民，面积约 1 000 平方公里，分布着约 20 万人口。其中望谟县的麻山乡又称为小麻山。本研究就立足于大麻山地区展开。

严格地说，除了专门指称望谟县的麻山乡时，麻山并不是一个单纯的地理概念或者行政区划概念。它在不同的历史时期和不同的场域下指代的确切含义各不相同。清代中期，仅仅是一个模糊的概念，泛指出产麻的这一大片地域。现代，随着地理科学的发展和国家权力的介入，在广义的麻山概念中，其地域范围涉及两个自治州和一个市，主要是强调该地区的岩溶喀斯特山地的地质地貌特征。在狭义的麻山概念中，除了该地域是广义麻山范围其他地区貌最为破碎的石山区之外，更加强调该地域的贫穷，与国家主导的扶贫政策的相关规定密不可分，是一个混合了地域、社会和经济特征的复合概念。如图 2.1 所示。

本书的主要调查点是紫云县宗地乡的打郎村及其周边村寨。宗地乡处于大麻山的腹心地区，位于紫云县城东南部，东与长顺县接壤，南面毗邻罗甸县，从紫云到罗甸的公路就经过打郎村。全乡总面积 287.7 平方公里，东西最长 24.6 公里，南北最宽 22.6 公里，全乡下辖 22 个行政村，217 个村民小组，28 900 余人，其中苗族人口占总人口的 85%。④ 其中，打郎村是国家扶贫一类村，距乡政府 13 公里，辖 8 个村民小组，分别是打郎、打禾、打落、朱脚山、打王、号寨、构皮、小打好，分为 9 个自然村寨，全村 172 户，820 口人，全部是苗族。全村计税种植面积 742 亩，其中田 0 亩，地 742 亩，实

---

① 贵州省民族研究所：《贵州民族调查（之十一）麻山调查专辑》（内部资料），第 10 页。
② 同上，第 9 页。这一地区从清代中期开始就因出产麻而闻名，"苗民从明代（约公元 1335 年以后）迁来时就带来了大量的苎麻种籽，经过长期耕耘，这一带大石山区里面已成了盛产苎麻、构皮麻的山区，因而得名，称为'麻山'"。
③ 贵州省扶贫办公室内部资料。
④ 来自调查过程中紫云县宗地乡政府办公室提供的资料。

际种植面积 841 亩，全村有林地面积 5 580 亩。竹林村，距乡政府 25 公里，目前尚不通车，辖 7 个村民小组，有 9 个自然村寨，全村 161 户，772 口人，全部是苗族。全村计税种植面积 733.87 亩，其中田 0 亩，地 733.87 亩，实际种植面积 1 022.3 亩，其中封山育林 3 920 亩。牛角村，距乡政府 20 公里，辖 7 个村民小组，有 8 个自然村寨，全村 148 户，686 口人，全部是苗族。全村计税种植面积 9 747 亩，其中田 0 亩，地 974 亩，实际种植面积 974 亩，其中封山育林 7 455 亩，仅有卡耳、牛角组通车。

图 2.1　麻山乡镇示意图

资料来源　贵州省扶贫开发办公室，贵州省第三测绘院编制：贵州省扶贫工作重点县乡（镇）分布图。（比例尺：1：1600000。《贵州省扶贫开发地图集》内部资料），2003 年 12 月，26-27 页。

第四节　麻山的苗族

苗族是一个分布地域辽阔，人口众多，支系纷繁的民族。鉴于传统生态知识和技术技能总是针对所处的生态系统积累和建构起来的，而苗族的分布区又跨越了众多不同的生态系统，因此，泛泛地谈苗族的生态知识毫无意义。必须将研究的对象限定在特定的生态系统内，形成的结论才可望对当代生态建设有所支持。要做到这一步，首先得涉及苗族内部的支系划分问题。

必须指出，苗族支系的存在是由来已久的客观事实，然而，要想从全局上把握苗族内部的支系构成，在历史上具有很大的难度。汉族文人对苗族的认识，经历了一个漫长的过程。明代在贵州正式设省后，由于广置卫所，次第建立了各种行政建制，汉族文人接触到不同苗族支系的机会越来越多，这种情况反映到明代典籍中，必然体现为对不同苗族支系赋予不同的称谓。具体到麻山苗族的亚支系，则迟至明嘉靖年间的田汝成《炎徼纪闻》，才首次使用了"克孟牯羊苗"这一称谓。[1] 与此同时，对麻山苗族还有很多异称，如"康佐苗"[2]"金筑司苗"[3]等。然而，"克孟牯羊苗"一名，使用的时间最长，而且相当稳定，如图 2.2 所示。

图 2.2　百苗图所载"克孟牯羊苗"

按照语言来分类是学术界比较通行的做法。对于苗语的划分，学术界通用的有两个版本。其一是 20 世纪 50 年代编成的苗族语言文字科学讨论会论

①（明）田汝成：《炎徼纪闻》（卷四），《丛书集成初编》（王云五编），商务印书馆 1936 年版，第 56 页。

②（嘉靖）《贵州通志》（卷三），风俗，贵州省图书馆藏本。

③（明）郭子章：《（万历）黔记》，《中国地方志集成——贵州府县志辑 2、3》，巴蜀书社，江苏古籍出版社，上海书店 1990 年版。

文集，该书将苗语方言区分为东南西北中五大方言，五大方言之下又分别包含着若干种不同的土语。第二个版本是王辅世的《苗语古音构拟》一书，该书将苗语分成东、中、西三大方言，其中的东部方言即湘西方言，中部方言即黔东南方言，这两种方言的划分与前一个版本的划分完全相同，差异发生在将前一个版本的南部、北部和西部方言合称为西部方言或川黔滇方言。而将前一版本所划的北部方言改称西部方言下属的滇东北次方言，同时又将前一版本所称的南部方言细分为麻山、惠水、洛北河、枫乡、贵阳五个西部方言下属的次方言。[①]

根据王辅世的研究，麻山次方言之下还可以细分为三个土语，以板当为中心的北部土语区，以宗地为中心的东南土语区，以四大寨为中心的西南土语区。上述土语的差异并不影响直接通话，但在历史的演变过程中，其间的差别仍有明确的反映。大致而言，本书重点讨论狭义麻山地区的苗族，主要由操北部土语和东南土语的苗族构成。在汉文典籍中使用时间最长，相对稳定的称谓有如下三个："克孟牯羊苗""康佐苗"和"老苗"[②]。至于操西南土语的苗族，其分布范围不属于麻山石灰岩地区，而在花山地区。因而，虽然属于同一苗族的亚支系，但不是本书的研究对象。

本书研究的麻山苗族，从汉文典籍可以考知的时间开始，这部分苗族就一直居住在麻山地区。[③]但直到改土归流前，其分布地的绝大部分都处在"生苗"地区，不仅朝廷派出的地方机构无法直接加以统辖，就连周边的布依族、彝族和苗族土司势力也难以涉足其间。如"魏源《圣武记·雍正西南夷改流记》载：'广顺、定番、镇宁"生苗"六百八十寨，镇宁、永宁、永丰、安顺"生苗"千三百九十八寨，地方千余里，直抵粤界。'其地界当在今都匀以西、贵阳、安顺以南的长顺、广顺、镇宁、关岭、惠水、贞丰、紫云、望谟、罗甸等县境内。其中，特别是紫云、望谟、惠水、罗甸交界处的大小麻山，是一块较大的'生苗'地区。"[④]其中汉文典籍中对他们的传闻记载，主要见诸于田汝成的《炎徼纪闻》和郭子章的《黔记》，清初则有（康熙）《贵州通志》和《黔书》。下面对该地区苗族文化的历史追述，就取材于上述四本着作。改土归流后，对当地苗族文化的记载，主要取材于（乾隆）《贵州通志》、《百苗图》和《安顺府志》、《贵阳府志》。

---

① 王辅世：《苗语古音构拟》，国立亚非语言文化研究所 1994 年版，第 1 页。

② 中国人民政治协商会议紫云苗族布依族自治县民族宗教文史海外联谊委员会：《紫云民族风情（文史资料 第二辑）》，1999 年，第 1 页。

③ 杨庭硕：《人群代码的历时过程——以苗族族名为例》，贵州人民出版社 1998 年版，第 57 页。

④ 贵州通史编委会：《贵州通史》，当代中国出版社 2002 年版，第 67 页，。

综上所述，本书的研究对象是麻山苗族，这在历史上一直是一个稳定的苗族文化群体。表现为分布地域长期稳定，汉文资料对他们的记载线索分明，所操方言土语不仅高度统一，而且内部通话无明显障碍。当地苗族文化与其他地区苗族文化的差异，主要表现为对喀斯特山区的高度适应，因此该地区苗族的传统知识也自成系统，能构成一个独立的研究单元。

麻山苗族在漫长的历史发展过程中，长期受到周边彝族土司、布依族土司的影响，以至于在文化中吸纳了大量的来自其他民族的文化特质，在众多的苗族支系中表现出鲜明的特征。下面就主要从使用鸡骨卜、穿着布依族服装以及在婚姻中大量吸纳布依族和汉族习惯、饮食特点这几个方面来逐一说明。

用鸡股骨作为占卜工具是麻山苗族文化中富于特色的文化现象，特异之处在于这种文化事项在苗族中分布极不均匀。苗族的东部支系和中部支系盛行的是用竹卦、田螺和茅草占卜，使用鸡股骨作为占卜工具主要盛行于分布区域偏西的各苗族支系。其中，又特别盛行于在历史上曾经受彝族土司统治过的苗族群体中。具体到麻山苗族而言，这种占卜方式的分布也不均衡，四大寨一带的苗族就极为盛行，但麻山腹心地区则只有部分村寨沿袭这一占卜方式，如果将沿袭这一占卜方式的村寨在地图上标示出来，还能清晰地看到这些村寨都位于格凸河两岸或者是古驿道沿线。同一文化事项的这一分布特点，看似文化事项随机传播的结果，但若结合彝族与苗族的关系史，则不难发现它是苗彝关系史积淀的产物。居住在四大寨一带的麻山苗族人民，盛行鸡骨占卜[①]，显然是对外来文化事项消化吸收的结果。

麻山苗族另一个令人瞩目的文化事项是他们都改穿了布依族服装[②]，而不再穿苗族的传统服装。导致这一文化事项改变的原因，显然与改土归流有关。改土归流后，尽管横霸一方的大土司被彻底罢废，但下级土司却被清廷保留下来，继续为清廷代理统治新归附的麻山苗族。而麻山地区周边残存的小土司，包括八番各长官司、康佐长官司以及麻山南部的原泗城土司下属各亭目，都是布依族。在这些土司的统领下，麻山苗族接受布依族装束，既可能是出于自愿，也可能是出于胁迫。和一切外来习俗一样，麻山苗族的改装，在地点分布上也不均匀，作者重点调查的宗地社区，戈枪等边远村寨就部分

---

① 班由科：《麻山苗族鸡卜》，《黔南民族调查第二集》，2001 年 12 月，第 136-159 页。
参见中国人民政治协商会议紫云苗族布依族自治县民族宗教文史海外联谊委员会编：《紫云民族风情（文史资料 第二辑）》，1999 年，第 124-125 页。
② 中国人民政治协商会议紫云苗族布依族自治县民族宗教文史海外联谊委员会：《紫云民族风情（文史资料 第二辑）》，1999 年，第 1 页。

保留了苗族的传统衣着特点，如穿五彩斑斓的衣服，过节日时妇女偶尔还穿短褶裙等，都是有说服力的证据。

　　要想弄清改装的具体时间，当然不能凭借共时性的田野调查资料，但文献记载可以提供确凿的断代依据。《黔南识略》将归化（今紫云）地区的苗族称为"斑苗"。而"斑苗"一名正是根据他们穿五彩斑斓的衣服而获得的他称，这就说明至少在《黔南识略》写成定本的清道光时代，麻山苗族尚未完全改装。清光绪九年成书的《百苗图咏》一书中，绘有"克孟牯羊苗"的跳月场景，图中的女青年穿的就是短褶裙，而且头饰使用了假发，这表明，迟至光绪末年麻山苗族还没有完全改装。[①] 除了文献记载外，考古资料也能提供确凿的证据，当地不少洞葬遗址死者的衣着残片还可以分辨出短褶裙构件来。根据崖葬洞中棺柩的叠压情况看，带有这种衣着残片的棺柩的入葬时间应该是在 20 世纪初，因而可以进一步推测，麻山苗族的改装，还有一个较长的过渡阶段，表现为生前改装，死后沿用古习着苗装。

图 2.3　佩带手镰的妇女

　　"不落夫家"婚俗是我国境内好几个百越系统族群共有的习俗，在田野调查中发现，麻山苗族的婚礼中也有这一婚习的存在，这显然是从相邻的布依族中传入的文化事项。一方面，麻山苗族在婚礼中执行"不落夫家"存在着很大的内部差异，执行期最长的可以超过五年，最短的只有三天。另一方面，"不落夫家"期间，夫妻双方的权责义务也存在着内部差异。有的村寨，丈夫必须亲自备办礼物，在特定的时节，比如节令或者农忙时节，到妻子家亲自

---

① 刘锋：《百苗图疏正》，民族出版社 2004 年版，第 65-72 页。

迎接，妻子才到丈夫家小住几天；有的家族，"不落夫家"期间丈夫和妻子可以随时约会，不必正式通知女方家族；有的家族，夫妻双方可以住进丈夫家里，有的则只能在村寨外约会。更值得注意的是，不同村寨对这一习俗的解释各不相同。有的村寨解释为妻子不好意思住在丈夫家，因而要长住娘家；有的村寨又解释说是因为妻子不满意父母包办，因而要长住娘家；也有一些村寨，解释说青年男女结婚年龄太早，双方都需要作进一步的了解，同时，双方都需要结交更多的异性朋友，多玩几年，再承担成家立业的社会义务。这些差异恰好可以证明，"不落夫家"是从其他民族借入的习俗，而不是本民族的远古传统。

麻山苗族婚习中另一个来自其他民族的文化事项，以丈夫对妻子家族的年节礼仪为代表。这里的苗族男性青年对妻子的家族，特别是对妻子的舅舅要表达敬意，要赠送丰厚的礼物作为允许其成家的答谢。除了聘礼之外，每逢节日都得赠送礼物，其中又以农历春节所送的礼物最为厚重。这种表达方式的特别之处在于：一方面，表达这种敬意不在苗族的传统节日，如"摘刀粑节"，而是在汉族的传统节日；另一方面，答谢的对象不再是妻子的整个家族，而是妻子的亲生父母和舅父母，这与苗族的传统家族理念有区别；重点答谢妻子的亲生父母，又与汉族的通婚观念相合拍。可知，识别外来习俗还有一个依据，那就是看这些习俗与传统观念是否一致，如果与传统观念不一致，反而与其他民族的传统观念合拍，就足以证明相关的文化事项受到过其他民族的影响。

麻山苗族目前使用的计时制度也明显受到了各种族际作用力的共同影响。在调查过程中，作者发现被调查对象往往是一会儿用农历，一会儿用苗历，很难弄清他们所讲的事件到底发生在哪一天，相处时间久了以后，才慢慢发现了其中的奥秘。"苗甲子"是当地苗族至今仍在使用的传统计时制度，对苗族传统计时制度的最早记载，出自《炎徼纪闻》，"不知正朔以鼠焉，记子午言日亦如之，岁首以冬三月各尚其一曰开年"，该书将这种计时制度称为"苗甲子"。① 麻山地区汉族农历与传统苗历并用，其实和汉族地区公历和农历并用的机制完全相同。汉族地区计算清明、端午、中秋、春节用的是农历，而劳动节、国庆节、妇女节却使用的是公历，两者并行不悖，绝不会出现冲突与矛盾。麻山地区汉族农历与苗族传统历法的并行也是同一个道理。当地

---

① 近年来，专家陈久经研究后确认，这是一种独特的记时制度。基本特点在于，仅用 12 地支作为计年、计月、计时的通用符号。年月日的计算都实行 12 进位制，轮回推算。同时还须确认两分、两至作为与太阳历周期合拍的依据。由于这种"苗甲子"月份不取准于月相的朔望，也没有明确地提到置"闰"，很难与汉族农历相吻合。

苗族过吃新节、苗年、祭祖依据的是传统苗历，而过春节、六月六、七月半依据的却是汉族农历。机关干部和学生同时还要兼顾公历，事实上是三种历法并行。杨庭硕的《苗族与水族传统历法之比较研究》①一文，较为系统地揭示了苗族传统历法的基本面貌，其要点包括如下几个方面：第一，一年之中只分热季和冷季两个季节。热季从马月开始到猪月结束，冷季从鼠月开始到蛇月结束，鼠月大致相当于汉族农历的十月。值得一提的是，这样的建月和分季，与古代汉族历法相通。如果用古代汉语来表述，就应当是"岁首建子，季分春秋"。第二，一年中包括 12 个月，大小月各半，相间排列，小月24 天，大月 36 天，分别为两个或三个地支周期，总共 360 天。为了与太阳历周期相符，多出的 5-6 天，专门作为过年使用。也就是说，苗年期间不具体标定日子的地支数。第三，苗族的传统历法是典型的物候历，每个月份的变化都以具体的物候变化作为依据，当然这种建月的物候标志在各地互有区别，原则上是一个通婚圈就具有属于自己的物候标准。目前，在与汉族农历长期并行延续的过程中，这样的物候标准大部分失传，难以确认和整合。第四，最关键的特点还在于，在苗族的传统历法中，地支名称不仅是计时标志，同时也是空间标志、家族标志和通婚圈标志，实行的是一种四合一的时空定位体制。②目前调查中还很容易证实不同的家族都有自己的地支定名，比如打郎片区就是以龙场和狗场定名，而相邻的罗甸县木引乡，则是以鼠场和马场定名。

凭借这一识别依据，麻山苗族中现在仍在执行的派媒人说合，订婚等婚礼习俗，显然都不是苗族的传统，而是改土归流后派生的文化现象。其中最值得一提的是"讨八字"。上面已经提到过苗族实行的是 12 地支计时制，"生辰八字"这一观念的来源与汉族以天干地支匹配为 60 个甲子计时直接相关，按照汉族的甲子计时，一个人的出生年月日时四个单元，各用一个天干一个地支标识，合起来才成为八字，也才会有"生辰八字"这一观念，进而才会产生用"生辰八字"占卜吉凶的风俗，麻山苗族既然不用天干计时，显然不需要"生辰八字"。据此可以断定，麻山苗族现在盛行的"讨八字"，肯定不是苗族的古习，而是新起的文化事项。只是由于改土归流以来，农历计时制度在麻山苗族中使用的时间太长，麻山苗族过苗年的时间都依据汉族农历作了调整，个人生活不可能不受到影响。

---

① 王秋桂、庄英章：《社会、民族与文化展演国际研讨会论文集》，汉学研究中心 2001 年版，第 667 页。

② 杨庭硕：《杉坪村苗族社会的个案研究》，《人类学与西南民族》，云南大学出版社 1998年版，第 448-486 页。

一般而言，从外面传入的文化事项，与麻山生态环境特征差异都较大，很难与麻山的生态环境完全融合，要执行这样的文化事项，一般都不得不加以改造。例如，麻山地区地表径流少，几乎无法开辟稻田，种植稻米，但在麻山苗族人民的观念中，稻米却是最上等的粮食。遗憾的是，要吃上稻米，对这里的苗族人民来说，真是难上加难。他们总会说："我们太穷，连米都吃不上。为了让娃娃吃糯米粑，只好种点糯小米做粑粑吃。"他们不仅用小米仿制糯米粑，也会用糯玉米仿制糯米粑，更奇怪的是，在一日三餐中，虽然吃的是玉米，却要做成大米的形状，这又该做何解释呢？

除了粮食外，对鱼和水产的尚好，也与当地的生态环境不相兼容。麻山地区分明是一个极度缺水的地带，但在祭祀时，却偏要用糯小米制成鱼、龟、虾、蟹等形状的祭品祭祖，而将水产作为祭品祭祖，分明是百越系统各民族的传统习俗，而不是苗族的传统习俗，更不可能是极度缺水的麻山地区的传统习俗。相似的例子还有，麻山地区地表崎岖，饲养马极其艰难，但麻山苗族却酷爱马匹，在丧礼中都乐于选择马作为祭品祭祖，因此在安顺府志中被称为"砍马苗"。① 更值得注意的是丧礼中的砍马仪式也十分特别，即使是不同家族成员，都要用道具礼仪性地装扮成作战的队列，象征性地表演战斗场面，还要用竹做的刀枪，将作为祭品的马刺死，将马最终刺死的那个家族，将受到极大的尊重。这样的丧习，在其他地区苗族中十分罕见，但明代典籍《贵州图经新志》中却早有提及。通过对这一习俗的分析，不仅可以了解习俗传播的途径，还可以了解这里的苗族曾经与彝族发生过密切的关系，因而，外来习俗对于探讨习俗的演化，显然具有重要的价值。

由于外来的文化要素很难与麻山苗族所处的自然生态系统相互兼容，因而，与传入文化要素有关联的生物物种在探讨麻山苗族的生态行为时具有特殊的意义。为此，很有必要将麻山苗族日常生活中涉及的生物物种做一个系统归类，这样才有利于透视他们的生态行为的系统轨迹，也能从中找到可能诱发生态问题的生态行为的历史渊源。大致而言，可以将麻山苗族日常生活中的生物物种区别为两类，一是当地原产的生物物种；二是从外地引种的生物物种。前者姑且不论，后者在麻山苗族的生活中，举其大者就有如下一些：玉米、番薯、辣椒、西红柿、烟草、南瓜等。这些作物，凭借汉文典籍和文献记载，不仅可以断定来源于南美洲，而且传入的时间也可以断定在明末，至于传入麻山地区，只能是改土归流以后的事情。由于这些作物来自于国外，关于这些作物的特种加工手段和种植办法，显然是新起的文化现象。棉花的

---

① （清）常恩，修，邹汉勋、吴寅邦，纂：《咸丰安顺府志》（卷之十五），《中国地方志集成——贵州府县志辑41》，巴蜀书社，江苏古籍出版社，上海书店 1990 年版。

传入，汉文典籍可以提供更确切的断代依据。比如，在麻山地区推广棉麻种植，是在改土归流后，"生苗"地区被彻底开辟才可能出现的情形。而棉花从印度传入中国大陆，最早见于《岭外代答》，该书称的"草本吉贝"即棉花，在南宋时，仅在儋耳（今海南）种植。元代时黄道婆将棉花的种植和加工传到了长江下游。麻类原产于中国，而且早就是朝廷赋税的税种之一。但在早期，麻仅在汉族地区通行，在麻山这样的喀斯特山区，绝少种植。这是因为，种麻需要肥沃、疏松的土地，而且需要连续多年种植。这一种植要求与麻山的生态环境存在着明显的差异，种植麻类成本高，产量不理想，仅仅因为清廷出于推动麻山地区经济发展的考虑才大力在麻山地区推广种麻。但清廷和当地苗族都没有预料到的是，麻类的推广在当地诱发了负面的生态后果。

第三章 麻山苗族传统知识及其生态适应

　　麻山苗族的传统知识是一个相对松散,正处于剧烈的变动过程中的体系。从斯图尔德的文化生态学观点来看,它既包括处于文化核心的以玉米和麻的种植为主体的定居农业生产方式,也包括随着岩溶生态环境而构建的一个个小规模的村社组织,只在节日和场期才会频繁交往,也有与之伴随的原始宗教信仰和特有的文化习俗。从时间的纵向线索来梳理的话,会发现在不同的历史时期和社会环境下,麻山苗族进行生态适应的具体手段是各不相同的,在相对封闭的时期,他们采用的是狩猎采集的生计方式,下面以桄榔木的利用为代表,通过文献的记载,构拟了这一个阶段的生态适应。在雍正大改流之前,麻山苗族处于彝族土司和布依族土司的控制下,实行的是麻山游耕刀耕火种样式。随后,以玉米为代表的美洲作物的大面积种植,加上清廷大力推广麻类种植,启动了麻山苗族传统知识的一系列重构,这个过程与生态环境的变迁一起,循环往复地交相作用,使得麻山的传统知识进入了一个不断创新、不断变化的历史过程,如图 3.1 所示。

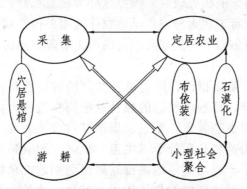

图 3.1　麻山苗族传统知识的循环过程图

　　民族文化的运行与流变是一个不断更新与整合、不断延续的新陈代谢过程。任何时代的田野调查资料,无论做得多么完备,都只能反映民族文化的一个横断面,从中提炼出来的生态适应知识同样是一个持续运行过程中的横断面。在这样的横断面中，不仅有当前适用而且正在发挥着效益的生态知识，也有在历史上曾经发挥过重要效益，而今处于变形残存状态的生态知识，还包括正在探索之中尚未定型的生态知识。全面认识和理解一个民族的传统文化与自然生态环境相互作用的历史过程，其任务正在于从平面的田野调查资料中，尽可能探求该民族传统知识的演变过程，发掘并且确认相关传统知识的生态适应价值，最好还能预测下一步的发展趋势。完成这一研究任务的依据是文化人类学的相关理论，鉴于这样的研究工作，总是由其他民族文化提供参比系统，因而，整个研究过程也必将是一个文化解释的过程。

就麻山苗族当前的文化运行而言，显然正处于剧烈的变形期，传统知识也必然处于非稳定延续状态，对完成本研究任务而言，既有有利条件，又有不利因素。有利之处在于，田野调查中可以获得相当丰富的不同时代、不同内容的知识点，这样的知识点在当地苗族的传统生计中都可以逐一找到确凿的证据和表现形式。资料的全面获取和掌握不是难事，然而，这样获取的资料生态适应功效不一，有的甚至互相矛盾，很难理清它们的具体生态适应内涵和功效。为了发挥其长处，作者在田野调查中同时兼用了多种资料收集手段和研究方法。从实地观察到数据测量，从零星记忆的访谈到历史物证的踏勘，都分类收集和整理了资料。为了克服不利因素，作者不仅查阅了历史典籍的相关记载，还力求将历史记载的生态背景与麻山地区的生态实情综合考虑，尽可能将历史记载、考古物证和田野调查资料三个方面相结合，同时依靠生态学等自然科学的相关研究。按照这样的研究思路，主要选取了当地在不同的历史阶段进行刀耕火种或者旱地农作的相关传统知识，同时也选取了当地的相关文化习俗以尽量展现在不同的历史阶段麻山苗族文化对于麻山脆弱生态环境的适应。

与其他地区的苗族相比，麻山苗族文化的独特性是由三个方面的原因造成的。第一，麻山苗族所经历的独特社会历史过程；第二，麻山苗族所面对的特殊自然与生态背景；第三，周边其他民族对麻山苗族的影响。从第一方面看，麻山苗族长期处于"生苗"地区，对其传统文化的影响不仅直接，而且造就了一些与其他地区苗族居民迥别的文化特质。大致而言，众多在苗族的远古时代形成的文化特质在其他苗族的支系中早已发生了明显的变形，甚至到了难以识别的程度，但是在麻山苗族中却能得到稳定的延续。某些来自于远古时期的文化特征，还能清晰地识别出来。比如，长期延续的出面婚礼就是一个典型的例证。正是凭借麻山苗族文化的这一特异性，某些来自于苗族远古时代的文化特征才可望得到正确的解读。从第二方面看,由于麻山苗族 1 000 多年来,稳定生息在高度发育的喀斯特山区,以至于众多的文化特征都以直接或间接的方式适应于这一特点,这就使得麻山苗族的文化中,有不少内容与其他苗族支系文化存在很大的差距。举例说,长期延续的穴居习俗、悬棺葬和崖葬习俗则因此而来。应当看到,此类文化特征并不能代表苗族文化的共性,而仅属于苗族文化的地域性特征。从第三个方面看,麻山苗族文化的构成中,内容极其庞杂,其中最值得一提的是,这一地区苗族的生计方式及其派生的文化特征。麻山苗族将马和牛同等看待并可以互换,而且酷爱养马,生前以拥有良马为自豪,死后也要宰杀马匹作为牺牲。[①] 出现这样的特异文化习俗与彝族早年长期穿越麻山贩卖马匹的历史有直接的关系。[②] 目前在麻山地区能观察到的农作物中,种植规模最大者都是从其他民族传入的,而不是当地的本土物种。小米、玉米、南瓜就是如此。而本地的土产农作物,从可以考知的历史时代起,早就淡出了大量利用的范围。若不查阅史籍,几乎被当地居民所遗忘,桄榔木就是如此。有鉴于此,正确理解麻山苗族传统知识的特点,显然要从上述三个方面去加以综合的分析,才能将纷繁复杂的田野调查资料梳理出脉络清晰的系统来。

第一节　桄榔木的利用及其生态适应

传统生态知识与传统生计在民族文化的建构中,有其独特性。由于这两个文化事项的适应对象都是该民族所处的生态环境,而一个民族所处的自然与生态环境,相对于人类历史的时间尺度而言,都具有极高的稳定延续性能,可以保持数千年乃至上万年不发生本质的改变。而且,即使在人为干预下遭到局部毁损,经历漫长的历史岁月后还能恢复。这就使得各民族的传统生态知识和传统生计即使仅以残存的形式保留在该民族文化中,只要联系该民族所处的生态环境,辅以一定的历史记载,还是可望全面地复原相关民族历史上曾经实行过的传统生计和拥有的传统知识。这正是本章传统知识发掘的基本依据。但在应用文化人类学相关理论时,如下四个方面仍然有必要做出相应的澄清和修正。

---

① 中国人民政治协商会议紫云苗族布依族自治县民族宗教文史海外联谊委员会:《紫云民族风情》(文史资料 第二辑),1999 年,第 24-30 页。

② [宋]周去非:《岭外代答》,屠有祥校注,上海远东出版社 1996 年版,第 24 页. 第 68 页。

"文化残留"是由泰勒较早引入人类学理论架构的概念，他把文化中已经失去或部分失去直接效用的文化要素定义为"文化残留"。由于泰勒在理论建构中尚未清晰地意识到文化的整体观，因而，他提出的概念容易给后人造成误解。造成误解的根源在于，任何形式的残留文化为了与民族文化的完整性相适应，必然要发生高度变形，与后起的其他文化事项相互粘连变形，无论在表现形式、功能、还是结构关系上，都会发生明显的变异，以至于难以识别。泰勒笔下识别的残留文化仅是例外而已。事实上，既然民族文化一直处于无休止的新陈代谢过程，任何民族文化要素的变动，都必然诱发文化的变动，此前已有的文化事项都必然要经历相应的变化过程，残留文化事项尤其是如此。那种认为残留文化可以千年不变的习惯性看法，事实上是曲解了泰勒的本义。

特殊历史论是由博厄斯引进人类学的理论，其本义是强调各民族文化的历史独特性，为文化相对论提供理论依据。博厄斯的这一理论与传统知识新陈代谢的过程观并不矛盾，需要修订之处在于，他所说的特殊历史过程应当兼容适应于社会环境和生态环境共同作用的传统知识新陈代谢过程。其中，适应于社会环境的部分，若无历史记载提供准确的资料，就无法探寻新陈代谢过程发生的动因。但适应于生态环境的内容则不同，由于生态环境的高度稳定性，要找到新陈代谢启动和运行的对应点则很容易。麻山苗族采集、利用桄榔木的生态知识正好可以借助这一理解而得以发掘，并且加以复原。

文化要素的传播在民族文化的新陈代谢过程中具有独特的意义。作为早期传播论代表的弗罗贝纽思，在理解文化建构时，和泰勒犯了同一个错误。他们都是把文化要素理解为在传播和延续的过程中很少发生变化的刚性实体，因此，在研究过程中很容易加以识别。这种理解同样有悖于文化的整体观。其实，今天的不少民族志资料已经证实，文化要素在传播过程中不仅自身会发生变形，还会波及其他文化要素的变形，也就是在文化的新陈代谢过程中，对外来的文化要素都得加以吸收、重组，然后才能纳入文化的正常运作之中。与此同时，该民族文化传统中已有的内容，在重组过程中也要发生相应的变化。这就使得在田野调查中获得的资料，凡属传入的文化要素，都不可能是传入前的固有形态，同时，原有文化中的其他文化要素也会与原有形态有所差异。

基于上述对传统理论的三种修正，在发掘麻山地区利用桄榔木的生态知识时，所有田野资料的解读都必须建立系统的动态观，而不能简单地按图索骥。所幸的是，本书研究的麻山地区，历史典籍为我们提供了某些关键环节的准确记载，使我们有可能透视 10 世纪以前，麻山及周边地区采集、利用桄棭木的生态知识及相应的传统生计。

当代的人类学调查表明，中国苗族、瑶族的传统生计大致属于游耕兼狩猎采集的复合生计。而历史典籍资料证实，古苗族、瑶族一直实行的都是游耕生计。鉴于麻山地区长期处于中央王朝控制以外的边远地区，具有相对的封闭性，因而游耕生计定型的上限显然超过了汉文典籍所记的范围，是历史十分悠久的生存手段。独特之处在于，远古的苗族、瑶族大量采集、利用木本植物。凭借古代历史典籍的记载，可以确认这种木本植物就是桄榔木，即棕榈科的董棕。这种木本植物可供食用的部分主要是储存在树干髓部的淀粉粒，民族学者对这种木本植物的利用并不会感到意外，至今仍以这种作物作为食物来源之一的民族群体主要是分布在印度尼西亚到新几内亚岛链上的美拉尼西亚各民族。我国境内的独龙族、拉祜族等直到今天还部分种植和使用这种作物。[①] 它曾经是独龙人的主食之一，现在仍然是许多家庭度过饥荒的重要代粮植物，也是一种常用的药用植物。独龙人将董棕髓心的粉末沉淀后，加入少许红糖，煮成糊状，用于治疗红白痢疾，效果甚佳。另外，由于其茎皮纤维十分发达，还被独龙人用于制作床垫、铺盖、绳索和房屋建筑材料等，具有防潮、防雨等特点。董棕树皮和芭蕉叶、松树枝等用竹针和野麻线缝合，可制成雨具，至今仍有不少独龙人使用。[②]

历史典籍中关于这种植物的记载，可以追溯到 4 世纪成书的《后汉书》，该书的如下记载具有无可争辩的准确性和可靠性。"牂柯地多雨潦，俗好巫鬼禁忌，寡畜生，又无蚕桑，故其郡最贫。句町县有桄根木，可以为面，百姓资之。"文中提到的牂柯郡，辖境包括今贵州黔西南自治州和广西百色一带。今天的麻山地区也在其地理范围。文中提到的气候特点，也与今天的同一地区相吻合。而对生计状况的描述，也符合游耕生计的特点。文中提到的桄榔木就是董棕。关键的信息在于，该书明确指出当地居民以桄榔木树心产出的面粉为食，这与董棕的生物属性完全吻合。可以推知，公元 3 世纪时，在今天滇黔桂毗连地带的喀斯特山区，曾经经历过采集、利用桄榔木的游耕生计时代。

虽然文献资料对这一地区古代民族的记载告缺，但自《后汉书》开始，其后凡涉及这一地区的文献，都留下了以桄榔木面为食这一文化现象的历史痕迹，今摘引从东汉到宋代有关桄榔木采集及其应用的记载如下，以资比较研究。

---

① 罗钰：《云南物质文化》，采集渔猎卷，云南教育出版社 1996 年版，第 83 页。

② 龙春林、李恒、周翊兰、刀志灵、阿部卓：《高黎贡山地区民族植物学的初步研究Ⅱ 独龙族》，《云南植物研究》，1999 年增刊，第 137-144 页。

《华阳国志》(南中志)载:"兴古郡,建兴三年(约公元230年)置。属县十七,户四万,去洛五千八百九十里。多鸠獠、濮。特有瘴气。自梁水、兴古、西平三郡少谷。有桄榔木,可以作面,以牛酥酪食之。人民资以为粮。欲取其木,先当祠祀。"

文中对桄榔木的食用办法的记载,十分奇特,但却与桄榔木面的生物化学特征相吻合,可以视为一种专用的生态知识。桄榔木树心所产的淀粉呈颗粒状,是该树多年积淀的营养物质,淀粉含量高,几乎不含蛋白质,这与麦类作物制成的面粉很不相同,缺乏黏性和韧性,不容易加工成面食。混合牛奶的奶酪,可以改变这一属性,容易制成可口的饼饵。因而,"以牛酥酪食之",就是反映了这一工艺要求。文中还说取用桄榔木面时要先作祭祀,这也与桄榔木的生物属性有关联,桄榔木从萌发到可以收割获取粮食,少则10年,必须等桄榔木未开花前收获,开花以后,树干中的淀粉消耗殆尽,就无粮食可收了。因而,采集、利用桄榔木,必须能准确计算桄榔木的合适收割时间,因而在成批砍伐前,要举行类似于吃新节的宗教礼仪,规约社区成员的砍伐时间、砍伐操作和加工办法。所以,文中以局外人的身份记作"欲取其木,先当祠祀"。

《南方草木状》载:"桄榔,树似栟榈实,其皮可作绠,得水则柔韧,胡人以此联木为舟。皮中有屑如面,多者至数斛,食之与常面无异。木性如竹,紫黑色,有纹理,工人解之,以制弈枰。出九真、交趾。"①

这一记载的可贵之处,在于明确提供了桄榔木的产量数据,一株树可以产出数斛淀粉,约合今天的一百余斤。②至于说这种桄榔木面与常面无异,显然是将桄榔木面与麦类制成的面粉作比较,上文已经提到,桄榔木面蛋白质含量极低,与麦类制成的面粉不可同日而语。此外,文中还提及桄榔木的另一个用途是桄榔木叶柄处的纤维坚韧,不怕水淹,是制作绳索的优质原料,特别适用于水上运输工具。并且提到桄榔木树干适宜用来制作精美的棋盘。

《岭表录异》载:"桄榔树枝叶并蕃茂,与枣槟榔等小异,然叶下有须如粗马尾,广人采之以织巾子。其须尤宜咸水浸渍,即粗胀而韧。故人以此缚舶,不用钉线,木性如竹,紫黑色有文理而坚,工人解之,以制博弈局(案:

---

① [晋]嵇含:《南方草木状》,《丛书集成初编》第1352册,中华书局1985年版。
② 赵德馨:《中国经济史辞典》,湖北辞书出版社1990年版,第88页。斛亦作"甬""桶"。容量单位,量器。秦汉十斗等于一斛。汉昭帝始元四年(公元前83年)左冯翊制造的一个量器,其铭曰:"谷口铜甬,容十斗,重四十斤。"王莽时的湿仓平斛,容19 100毫升。建武十一年(公元35年)大司农斛,容19 600毫升。

《政和本草》所载此句下有'其木削作条锄,利如铁,中石更利,惟中蕉柳致败耳'四句)。此树皮中有屑如面,可为饼食之。"①

这段记载明确指出桄榔木纤维不仅可以制作绳索,还可以制成生活用品。并且指出这种纤维被盐水浸泡后可以变软变粗,适合于擦汗,更适合于做海船的船缆,至于用桄榔木皮制作棋盘,则与上条记载吻合。此外,原文的后代注释中还明确提到桄榔木的树干可以制作农具,性能并不逊色于铁制农具,而且特别适合在岩溶石山区使用,缺点仅在于,不能用于挖掘芭蕉和柳。由此观之,在桄榔木广泛种植的时代,桄榔木可以说得上是一身皆宝,可以作多种用途。

《桂海虞衡志》载:"桄榔木,身直如杉,又如棕榈。有节似大竹,一干挺上,高数丈。开花数十穗,绿色。"②

《岭外代答》第 102 "药箭条"载:"邕州溪峒,以桄榔木为箭镞,桄榔遇血悉裂,故其矢亦能害人。③

第 166 "桄榔条"载:"桄榔木似棕榈,有节如大竹,青绿耸直,高十余丈。有叶无枝,荫绿茂盛,佛庙神祠,亭亭列立如宝林然。结子叶间,数十穗下垂,长可丈余。翠绿点缀,有如璎珞,极堪观玩。其根皆细须,坚实如铁,旋以为器,悉成孔雀尾斑,世以为珍。木身外坚内腐,南人剖去其腐,以为盛溜,力省而功倍。溪峒取其坚以为弩箭,沾血一滴,则百裂于皮里,不可撤矣。不惟其木见血而然,虽木液一滴,着人肌肤,即遍身如针刺,是殆木性攻行于气血也欤?凡木似棕榈者有五:桄榔、槟榔、椰子、蘷头、桃竹是也。槟榔之实,可施药物;蘷之叶,可以盖屋;桃竹可以为杖;椰子可以为果蓏;若桄榔则为器用而可以永久矣。"④

宋代的这两条记载,不再明确提及以桄榔木面为食了,这是一个重要的断代信息,表明采集、利用桄榔木为食的时代已经结束,而将桄榔木作为用具和观赏树木的时代随之开始,因而两条文献的记载侧重点也发生了转移,重点记载桄榔木的器具用途。需要注意的是,作器具制作材料使用,应当是古已有之,也就是与食用价值并行的用途,仅仅是到了宋代,其食用价值被其他作物取代后,其工艺材料价值才凸现出来。文中提到的用途可以补充以上各条的记载。其中,制作箭、渡槽、棋局可以进一步证实桄榔木的多重使用价值。与此同时,桄榔木的生长地点也发生了很大的变异,诚

① [唐]刘恂:《岭表录异》卷下,《四库全书》史部十一地理类八·杂记之属。
② [宋]范成大:《桂海虞衡志·志草木》,广西人民出版社 1986 年版,第 56 页。
③、④ [宋]周去非:《岭外代答》,屠有祥校注,上海远东出版社 1996 年版,第 97 页、第 102 页。

如文中所言，是种在寺庙祠堂之前作观赏树种使用。由于不需要在开花结果前取食桄榔木面，因而，两书的作者都很容易观察到桄榔木开花结实的美景。看来，到南宋时，有桄榔木的地区，生计方式已经发生了巨变，不再食用桄榔木面了，其潜在的含义在于，当时肯定引种了其他粮食作物，替代了桄榔木面的食用价值。当然，种植作物的变化必然牵动当地各民族生计方式的巨变。围绕桄榔木面建构起来的传统生态知识自然会逐渐被人们遗忘，而围绕新的粮食作物建构起来的新的传统生态知识必然进入相关民族生态知识体系的重建。

凭借上文所引史料，不难看出，采集、利用桄榔木作为粮食来源的生计方式，不仅是一个历史悠久的古代传统，而且是一个分布面极广的历史事实。然而，汉文典籍的编写者，总是下意识地贬低桄榔木的价值。《汉书》因此而说出产桄榔木的郡是不毛之地。《华阳国志》称出产桄榔木的梁水、兴古、西平等地"其境最贫"，不少学者也认定靠桄榔木为生是一种愚昧落后的生产方式，需要改造。对麻山地区来说，利用桄榔木作为生计来源具有重要的生态适应价值。前面已经总结了亚热带喀斯特山区的生态系统具有脆弱性，但如果以桄榔木种植作为生计来源，所有的生态系统脆弱性不利因素都可以得到有效的规避。

历史典籍所称的桄榔木，又称董棕，有独特的生物特性。在三龄以下的幼树期，需要潮湿阴暗，温度相对恒定的环境，怕太阳暴晒。但到了三龄以后，大约1.5米左右，就需要强烈的阳光才能正常生长，产出大量的淀粉。没有主根，须根仍然可以发育，而且须根十分坚韧，具有很强的入土能力。凭借这一特性，可以绕开裸露的基岩，插入岩缝顺利生长。这是麻山地区至今还有桄榔木零星分布的原因之一。藤蔓及丛生植物的广泛存在不会妨碍种子的正常萌发和生长，因为这些植物可以为幼苗遮阴，提供适宜的温度和湿度，等到三龄以后，就不需要藤蔓及丛生植物为它遮阴了。凭借桄榔木可以和藤蔓及丛生植物完好兼容的性能，完全可以说，桄榔木是一种不需要中耕、除草就能正常生长的粮食作物，是一种可以和亚热带丛林兼容的粮食作物。这就意味着，喀斯特山区成土速度慢，土壤流失容易这一脆弱性不利因素，与采集、利用桄榔木不会产生明显的冲突。凭借可以与桄榔木伴生的茂密野生植物群落，完全可以抵御季节性暴雨对土壤的冲刷，同时又可以有效减缓沿坡面下泻的流水的速度，使流水在这些植物的跟部形成涡流，使这些泥沙就地沉积，使表土免受流水的侵蚀。此外，桄榔木的须根可以深深地扎入岩缝之中，也能发挥固土保水作用。因此，从事采集、利用桄榔木的同时，可以完好地修复、修补喀斯特山区水土资源易于流失的缺陷，做到粮食生产与生态维护完美的结合。

桄榔木的利用还回避了固定农耕单一作物种植收割时的水土流失问题。因为桄榔木是适合于游耕方式的粮食来源之一，游耕生计的基本特点正在于种与收的界限并不明显，可以随种随收，随收随种。加之，不同树龄的桄榔木，可以参差不齐地并行存在，种植者只需要判断哪一株成熟，然后再实施针对性砍伐。砍伐导致的植被空缺属于零星分布，并不会造成地表的大面积长期裸露，因而对水土流失的控制不会产生副作用。事实上，《华阳国志》中的那一段记载，恰好证明桄榔木是分期砍伐的。加之，桄榔木并不像固定农耕那样孤立地存在，而是和广大野生植物并存，收割一颗桄榔木面导致的地表空缺还不到半平方米，而且，砍伐处地表下桄榔木的根还能暂时发挥固土作用，等到根系死亡时，其他植物早就填补了这一空缺。

利用桄榔木还能巧妙利用喀斯特山区的另一个脆弱因素——峰丛洼地间的封闭性带来的生态影响。因为，喀斯特山区的峰丛洼地内部，主要着生的是藤蔓及丛生植物，高大乔木比较稀少，桄榔木的生长不仅不会受到来自其他高大乔木的种间竞争，一方面还能够为藤蔓及丛生植物提供支架，促进藤蔓及丛生植物的生长；另一方面还能够为地表的苔藓类植物的生长提供荫蔽条件。这就意味着，利用桄榔木较少受到其他高大乔木的种间竞争，不需要中耕操作，维护的成本较低，在这里，封闭性成为有利于农事操作的有利条件。

喀斯特山区的第三个脆弱因素是溶蚀湖具有储水、保水功能，却容易遭到破坏，地漏斗一旦被戳通，就会使大量水土资源泻入溶洞，蒙受损失。然而，桄榔木怕水淹，不需要在峰丛洼地的底部种植，完全可以在峰丛洼地的陡坡面种植，因而不会冲击这一脆弱因素，有利于喀斯特山区水土资源的维护。

喀斯特山区的第四个脆弱因素是降水等自然因素的年际波动幅度大，具体到麻山地区而言，是降水的季节波动和年际波动幅度大。丰雨季节会形成水涝，少雨年份会导致坡面的干旱。然而，桄榔木是木本植物，根系发达，扎根很深，可以从岩缝汲取水分，季节性的干旱对桄榔木根本不会构成威胁，即使是干旱年份。由于桄榔木树干内可以储集大量的水分，干旱只会降低产量，不会危及生存。总之，这一脆弱因素，对草本粮食作物可以构成致命性威胁，但木本植物却能够克服。

因此，采集、利用桄榔木，可以很好地适应麻山地区的生态环境，规避当地大部分的生态脆弱因素，变害为利，将这些不利因素加以有效利用。历史上这一地区的居民采集、利用桄榔木为重要的粮食来源，不仅不是落后愚昧，反而是传统生态知识发挥其生态维护功效的集中表现，是这些古代民族文化创新能力的总汇，不能简单地加以责难，应该积极地发掘利用，以此推动类似生态脆弱地区的生态建设，使之更具成效，并有助于当地的社会经济发展。

田野调查期间，我们聘请的翻译为我们介绍了一套当地食品加工的特殊加工办法，很可能与桄榔木面的加工手段有关。据他介绍，当地苗族制作干粮时是将颗粒大小不同的各种粮食作物一并加工。具体做法如下：在锅中将水烧到沸腾，然后将颗粒大小不同的粮食碾磨成的细粉，不断地分批少量撒到锅中，一面撒一面搅拌，直到待加工的粮食撒完为止。此时，锅中的食品呈现为稠膏状，盖上盖子密封起来，用小火维持锅内温度，一到两小时后，让它自然冷却，锅中的膏状物就会凝结成饼状的块，充分冷却后再用手把它分成小团，用芭蕉叶、枫香叶或构树叶紧密包裹起来，再用构树纤维缠紧，就成了便于携带的食品。

根据介绍，这种加工办法不仅可以加工小米、红稗，还可以加工天星米、荞子、玉米，甚至可以混入成熟的柿子、芭蕉等，以增加食品的风味。几乎当地产出的各种粮食作物都可以用这种办法加工出口感良好的食品。必须指出，这种加工办法与周边各民族都不相同，布依族长于做米饭、粽子、饵块、糍粑。加工饵块、糍粑要用碓舂，麻山地区的苗族从布依族学到这些加工办法后，是用来加工糯小米，制作小米棕粑、小米糍粑。而周边的汉族，除了使用布依族已有的加工办法外，更多的是做米饭。但用碎糯米粒混合猪肉蒸鲊肉食用，加工粮食不外乎蒸与煮两种手段，当地苗族借入汉族的上述加工手段后，主要用来加工玉米，制作包谷饭，也学会了用糯小米，仿造汉族的办法制作鲊肉。至于汉族用面粉制作包子、馒头和烙饼，当地苗族至今没有仿效过。原因可能是当地苗族当前能产出的各种粮食作物，都不适合使用这种加工办法。和他们有过接触的彝族则喜欢用干锅将粮食炒熟，然后磨成细粉，用水或奶调和后食用，与藏族加工糌粑的做法类似。由于麻山苗族在历史上曾经长期受到彝族土司的统治，当地苗族很自然地也学会了这种加工办法。调查点周边至今尚有不少苗族村寨还用这种从彝族借来的加工办法加工豌豆、红稗、天星米、苡仁米，并将这种食品视为专门赠送给老人的营养佳品。① 对比这些来自其他民族的粮食加工办法后，不难看出，上文介绍的粮食加工办法应该不是来自其他民族

---

① 中国人民政治协商会议紫云苗族布依族自治县民族宗教文史海外联谊委员会：《紫云民族风情》（文史资料 第二辑），1999年，第34页。

的加工手段，而只能理解为该民族远古粮食加工手段的残留。对麻山苗族而言，使用这种粮食加工手段具有如下四大好处：第一，加工后的成品易于携带和储存，不容易变质。考虑到麻山地区炎热潮湿，食品难以保存，麻山苗族劳作的活动半径又很长，这样的加工工艺具有很高的环境适应能力；第二，这样的食品不需要加热就可以直接食用，明显优于糍粑和饵块，甚至在找不到水源时也可以食用。考虑到麻山是一个高度缺水的地区，更能凸显这一加工办法的优越性。第三，这种加工办法具有极高的兼容能力，不管是哪种粮食作物，甚至是水果和蔬菜，都可以用这种办法制成易保存、易携带的方便食品。鉴于麻山地区苗族至今还保持着十分浓厚的游耕生计特征，产出的作物物种多而批量小，周边各民族的食品加工办法对食物品种的选择性都很强，除了彝族的加工办法外，来自周边各民族的加工办法都很难兼容如此众多的食物品种。因而，这一加工办法不太可能是定居农耕生计的加工手段，只可能是受游耕类型生计影响的加工办法。也就是说，是类似苗族和仡佬族这样的游耕民族才可能延续的加工办法。第四，这种加工办法灵活性大，可以依据不同的用料和食用者需求进行口味调节，灵活性大，既可做主食，也可做干粮，还可以当成零食，对老年、小孩和成年人也能针对性地做出口味需求的调整，所以这样的食品很受当地群众的喜爱。

　　这种特异的加工办法不仅适用于游耕生计草本粮食作物的加工，而且特别有利于桄榔木面的加工。因为，桄榔木产出的淀粉与草本粮食作物不同，它不是一年形成的淀粉颗粒，而是多年积累形成的淀粉颗粒。草本粮食作物的淀粉颗粒，结构一般很均匀，而木本植物形成的淀粉颗粒，核心部分很坚韧，而边缘部分很疏松，如果直接煮食的话，不容易煮透，只有将其磨成粉状以后加工才能熟透，或者用冷水长时间浸泡，确保颗粒溶胀，才能煮透。然而桄榔木面却不能用同样的办法加工，因为桄榔木面的淀粉颗粒并不大，但表层的淀粉分子量小，遇水就会迅速溶胀，一旦表层溶胀，就会阻碍水分深入到内核，致使坚硬的内核不管浸泡多久，都不能充分地吸水，以至于无论如何蒸煮，都会坚硬得不堪入口，难以消化。但是，若按照上述的特殊加工办法，先将桄榔木面磨碎，就能在加工过程中使整个淀粉颗粒彻底熟透，加上淀粉溶解凝结后，再用小火长时间保温，促成它继续吸水溶胀，那么，再坚硬的淀粉内核都会变得容易熟透了。值得一提的是，加热煨熟这一操作，对当前麻山苗族产出的各种草本粮食作物而言，都不具有必要性，但对于桄榔木来说，却是必要的加工程序。这一特殊食品加工办法的继续存在，应该与桄榔木面的加工有关，而不是用来加工其他草本粮食作物的。因而，这一加工手段应该是这一地区某一古代民族加工桄榔木面食用的残留文化事项。

至于发明这一特殊加工手段的古代民族，则只有两种可能。其一是苗族的先民，另一种可能则是麻山地区的苗族先民来到这里时，看见别的民族加工过栒榔木面，并学会了采集和利用栒榔木面。因而，在他们的文化中，以残留文化的形式保存至今。当然，这种残留文化能如此长期延续，也有其社会和文化原因。那就是这些苗族一直沿袭游耕生计方式，配合其他植物的采集和狩猎的产品，可以保证基本的生计。所以，利用、加工栒榔木面的生态知识不会完全失去应用功能，就这一点而言，无论是泰勒、博厄斯，还是弗洛贝纽斯的文化残留理论，确实有加以综合的必要。

第二节　游耕与生态适应

在栒榔木的采集、利用衰落以后，继起的是一个以种植小米、红稗等草本粮食作物为生的阶段。本节就将对游耕生产的传统知识进行深入讨论。这一阶段的游耕以培育草本粮食作物为主要特征，农事操作的基本特点可以归入刀耕火种样式，种植区段仰仗于土壤层较薄的疏树草坡地带，作物结构具有鲜明的多物种混合种植的特点，农事安排则集中在苗族传统历法的热季，大致从公历的四月到十一月间，耕作办法采用免耕，而且不需要中耕，即"耰而不耘"，收割特点在于仅收取谷穗。此外，本节讨论的这种游耕样式可以和畜牧业兼容。以下仅从作物结构和种植区段这两个方面，发掘麻山苗族的相关传统知识，同时讨论这些传统知识对麻山岩溶脆弱生态环境的适应。

发掘麻山苗族的这类传统知识，存在着诸多的有利条件。一方面，麻山苗族的这一传统并没有彻底失传，举例说，他们至今还隐蔽地使用刀耕火种的办法在远离公路的地段少量种植小米、红稗和荞子。当地称为"烧小米""烧红稗"。整个操作过程如下：将号好的地进行清理，砍倒杂草和幼树，再将它们架空堆放，等到清明节前后，就可以放火焚烧，撒种小米或者红稗了。[①]"这里的苗族在明清时期所实行的都是不动土农业，即使是刀耕火种的游耕生产，当地苗族也是对各个山体按照12生肖命名，以先后次序轮歇使用，如今遗留在这一地域里的苗语地名如'马场''狗场''牛场''兔场''鸡场'等

---

① 杨庭硕：《杉坪村苗族社会的个案研究》，《人类学与西南民族》，云南大学出版社 1998 年版，第 484 页。当地林业部门称清明前后森林火灾比较频繁，估计与当地苗族的传统生产办法的流失有一定的关系，有待再研究。

一系列名称正是当时麻山次方言支系苗族实行轮歇农耕生产的真实写照。"①
另外，在麻山地区北部的板当一带，至今还在使用半免耕的手段批量种植
苡仁米供应全国市场，也在大面积利用免耕的办法生产构皮。当地的乡民
对相关技术技能的记忆依然清晰，个别人还能熟练地向我们展示相关的技
术操作。此外，执行这一样式的特殊农具，如摘刀、翻锹，目前还在使用。
另一方面，由于这种游耕方式延续到改土归流以后，不少清代典籍对这一
生计方式的特点都有所涉及，有助于了解历史上的变化情况。而且，不少
田野调查资料也涉及这一内容，可以为本书提供文本资料的对照。由于执
行过这种游耕耕作的地块，至今还保留着可以分辨的痕迹，只要综合多学
科的研究手段，就可以为传统知识的发掘工作提供有价值的参照。

　　和所有的游耕生计一样，麻山地区苗族在疏树草坡实施的游耕也以涉及
的多样化的物种为一大特点。若按人类对这些生物的干预程度加以区分，可
以将麻山地区苗族游耕所涉及的生物物种分为两大类：一类可以称为种植对
象，另一类可以称为管护对象。所谓种植对象，是指人们在游耕作业中需要
进行播种的生物物种；所谓管护对象，是指人们不需要播种，但却需要控制
其规模和生长样态以便利用的物种。在游耕生计中，这两种作物都应该算是
人类收获利用的产品。要想精确统计麻山苗族游耕中所涉及的全部生物物
种，是一项艰难而无法完成的工作。原因在于，一方面，他们游耕中所涉
及的生物物种在不同的历史时期有很大的差异。从传统知识积累的角度而
言，他们关注的是物种的筛选和结构的搭配如何避开当地生态系统的脆弱因
素，同时还须考虑作物的利用价值。因为随着新物种的引种和本地物种的驯
化成功，游耕中所涉及的生物物种会不断发生变化和调整，这同样是一个新
陈代谢的过程。而且，退出应用的物种还会在他们的知识结构中保留下来，
这更增加了他们认识和理解生物物种的复杂性，仅凭借目击观察等田野调查
手段去全面清理曾经被他们使用过的全部生物物种，有很大的难度。另一方
面，麻山苗族针对疏树草坡进行的游耕，现阶段正处于衰微状况，不同的个
人，对曾经利用过的生物物种的记忆量，差异很大。简单地统计和访谈，很
难收集到较为全面的资料，认识到这一点，具有重要的意义。

　　利用物种的多样性在麻山苗族的生活中发挥着重要的作用。正如现代生物
学认识到的那样："农民和科学家均依靠农作物中的基因多样性储备。这些基
因多样性是由上百代人通过观察、收集、繁殖、交易和贮藏农作物中的变种而
积累起来的。这是一笔基因资源的遗产，它今天正供养着几十亿人民。"作者

---

① 吴正彪：《试论生态移民与文化环境的适应性——以贵州省紫云自治县洞居人家搬迁为
　　例》，《三峡论坛》（三峡文学理论版），2010（2），第71页。

在整理田野调查资料时发现:首先,麻山苗族能够利用的生物物种多达数百种,但具体应用时,个体之间又存在着巨大的差异,若不进行专门的生物学分类鉴定,很多生物物种甚至连名称都弄不清楚。和作者一起调查的接受过大学本科生物学训练的组员,能够认出的生物物种数量还不到当地苗族人民能够认识的生物物种的四分之一,其能够弄清其名称并知道其科属者就达百余种。鉴于这样的现实情况,有两个派生的问题需要加以澄清。第一,查阅文献时,凡涉及游耕生计的记载,都会罗列一些旱地作物的名称,如麦、稗、黍等。大致而言,这样的记载仅是随便举几个名称而已,而实际种植的物种远远不止这个数字。实际上,在哪怕是不到一平方米的耕地上,人工种植的作物就可以达到十几种,加上可以利用的物种,总数一般是在20-30种,因而,类似的列举很难说明问题。第二,对耕作产量的计算,由于局外的观察只注意相对占优势的物种,或者说是观察者感兴趣的物种,或者说是观察者理解为农作物的物种,因此,所作的产量统计总不免按照固定农耕生产中使用的统计习惯,仅统计一两种所谓的"主种作物"的产量。比如,在20世纪90年代,对麻山地区粮食的产量统计就是如此,当时的很多上报材料,都认定麻山地区的人均粮食占有量平均仅120斤左右。常识告诉我们,单凭如此少的粮食占有量,当地居民非饿死不可。然而,除特殊原因外,麻山地区饿死人的现象并不常见,而且,当地人的身体还相对健康,并没有出现营养不良的征兆。问题的症结出在,类似的统计仅仅统计了玉米的产量,而当地苗族食用的粮食种类则多达三四十种,每种粮食的食用量虽然不大,但各种粮食品种的总量肯定超过了人均六七百斤,甚至超过了一千斤。作者在访谈中就有这样的经历。进入调查点的头几天,所有的调查对象都说,他们已经不种小米了,所以,正处于生长期的小米在当地是没有了,想看都没有地方看了。但在访问年节仪式时,被访问者却众口一词地说,他们每家都要酿制几十斤小米甜酒,甚至上百斤。等到追问他们小米从哪儿来时,他们会说是从集市上买来的。考虑到麻山周边的其他民族都不种植小米,商贩也不太可能从外地大量贩运小米到这个相对边远的集贸市场,只能推测,他们仍然在种植小米,只是由于种种原因,不愿意告诉外人罢了。[①] 这样的例子还有很多,只能说明,尽管当前游耕生计已经衰微,但它涉及的生物

---

① 福特基金项目"中国西部地方性知识的发掘、利用、推广与传承"子课题紫云调查小组成员颜丽华调查笔记。"小米在3月份播种,超过5月份播种收成不好,果实不饱满。用特殊的有5-7个齿的工具(柄长2-3米)将杂草除掉,将地整平,相对于玉米(小米)对地的要求较高,刚刚开荒的地最好。小米的收成越好。小米分为糯小米(白小米、黄小米最好)和籼小米(当地种植很少),收割提前1个月,口感不好。小米在9月份收割,当地有"摘粑节"庆祝小米丰收。作成糍粑,乡民在一起喝酒,亲戚走访都赠送小米糍粑。小米一般长至1米,可种在平地和山坡上。"

物种仍然多得惊人，累加起来的产量也很大，因此，认真分析调查中涉及的生物物种对于弄清当地游耕生计的实质和意义至关重要。作者掌握这些游耕生计中涉及的生物物种有两个渠道：一是做访谈，记录他们记忆中的生物物种数量；二是做踏勘，追踪早年游耕生计留下的蛛丝马迹。作者调查到的生物物种大致如下。

小米，也称黍，一种十分耐旱的禾本科植物，在当地苗族看来，这是最好的年节食物，只有在年节时才能吃上用糯小米制作的各种食品。这种作物的原产地在我国的半干旱草原。小米十分耐旱，即使阶段性干旱长达十天也仅是出现卷叶的情形，并不会明显地影响产量。当地苗族认定，小米必须实施刀耕火种才能种植。因为小米的种植需要微碱性土壤，他们的这一认识完全符合小米的生态属性。当地种植过的小米品种很多，可以分为两类，一种称为糯小米，相当于汉文典籍所称的"黍"；一种称为饭小米，相当于汉文典籍所称的"稷"，每一类中又分别包括好几个品种，一般是根据小米籽实的颜色和颗粒对品种加以命名。

红稗，禾本科植物，当地苗族俗称鸡爪米，也有不同的品种，大致可以分为甜、苦两大类。与小米相似，也十分耐旱，但不能直接种植，需要移栽。红稗有一定的分裂能力，移栽的株距要稍宽一些。

苡仁米，禾本科植物，本地原产作物，当地还有野生的苡仁米丛。这种作物比较喜好阴湿，植株分裂能力强，呈丛状生长，具有很强的再生能力，无须播种也能自然生长。据文献记载，当地苗族往往用这种植物的果实作装饰品。苡仁米还具有药用价值，《本草纲目》已有记载。这种作物在麻山的北部地区种植尤其普遍，是当地一种重要的外销产品。

天星米，苋科植物，原生于当地的植物。品种很多，当地苗族是根据植株的大小，叶子的颜色区别不同的品种。天星米是当地游耕作业中利用价值较高的作物之一，籽实可以做粮食，嫩叶可以做蔬菜，枝叶变老后，又能用做猪饲料，收割籽实时留下的杆蒿可以做燃料，其利用方式的多样性与当地普遍生长的构皮相似。天星米生长极为旺盛，分枝能力很强，在麻山，植株最高时可长到 1.5 米。但作为粮食使用的籽实部分产量却不高。天星米无需专门种植，既可以人工撒种，也可以自然生长。

燕麦，禾本科植物。原产地并不在麻山，而是在黔西北和青藏高原的东缘，这种作物传入麻山可能与彝族在周边地区大量贩运马匹有关。第一，燕麦的杆蒿是最好的马饲料，而且容易搬运；第二，当地苗族对燕麦的食用方式与彝族相同，都是炒制成香麦粉调水食用。燕麦也可以直接撒播。燕麦不仅耐旱，而且耐寒，在高海拔的山顶上都可以顺利种植。

荞子，蓼科荞麦属作物。当地种植的荞子有甜苦两类，当地苗族几乎利用了荞子的不同部位。鲜嫩的幼苗是当地苗族常用的蔬菜，籽实是粮食，杆蒿可以做猪饲料。荞花是重要的蜜源之一。荞子的种植与上述作物不同，需要点穴播种。荞子的生长季比较短，100天左右就可以收割，所以可以充做补种作物使用，或者一年种植2到3季。

芝麻，唇形花科植物，从中亚传入，又称为胡麻。它的生长样态与天星米相似，枝叶繁茂，种子富含油脂，经常用着食用佐料。杆蒿用着饲料，在麻山地区一般是与其他作物混种。

苏麻，唇形花科植物，也是从中亚传入的农作物，俗称引子，种子呈圆形，比芝麻稍大，富含油脂，用着食用佐料，杆蒿用着饲料，在麻山地区一般是与其他作物混种。

当地苗族还种植多种豆科粮食作物。如：懒豆、饭豆、绿豆、扁豆、马料豆，等等。这些作物在当地是重要的粮食来源之一。通常做混种作物和换茬作物使用。这些豆科植物的利用也具有多层次性，既可做粮食作物，又可做蔬菜，还可以做饲料。当地苗族看中这些豆科植物的关键在于它们的生态价值，而不仅是它们的经济价值。在这些豆科植物中，黄豆在当地大量栽种。黄豆也是外来物种，据《齐民要术》记载，黄豆又称高丽豆、茬豆，是朝鲜族居民最早驯化的优质农产品。麻山苗族不仅普遍种植和食用黄豆，而且十分看中它的地力恢复价值，因而，经常用做混种作物或换茬作物。此外，豌豆和蚕豆主要作为越冬作物种植。当地苗族主要将之作为粮食使用，作物的杆蒿可以作为冬季饲料，嫩叶"豌豆尖"可作为蔬菜食用。当地还大量种植过高粱。但目前仅边远村寨的个别人家还少量种植。

以上列举的这些作物，若单就某一种作物的种植而言，很难反映当地苗族生态知识的具体内容，只有归纳和总结上述作物的共性特征后，当地苗族的传统生态知识才能得到系统的反映。大致而言，上述这些作物具有如下五大特征：第一，大多数作物的种子粒度都很小，接近圆形。比如天星米，种子的直径不到0.5毫米，不同品种小米的直径也小于1毫米；懒豆、饭豆和绿豆的直径虽然稍大，但种子接近圆形，在地面容易滚动。第二，这些作物的生长样态大多呈现丛生状或者蔓生状，如各种豆科植物就呈蔓生状，苡仁米是典型的丛生状，小米和红稗在密集种植时也可以呈现丛生状态。第三，这些作物都具有耐旱、耐寒的特性，短时间的干旱只会导致卷叶，不会明显减产。有的植物，如天星米，即使叶片被晒枯，主干和分枝都可以重新萌发新叶，因而，受旱后也不会明显减产，芝麻和引子也与天星米相似。第四，这些作物的根系特性各不相同，但可以互补。比如，天星米的根系属于直根系，可以深深扎入岩缝超过 80 厘米，能够吸收土壤深层的养分，特别是吸收磷和钾储积在植株中，来年烧畲火焚后，烧成灰烬，磷、钾等养分停留在地表，提供给浅根系的作物使用，如荞子、小米、稷、红稗等。配种豆科植物是要利用豆科植物根部附生的根瘤菌合成氮肥，提高土壤肥力。第五，这些作物都具有半驯化的特性，即使没有意识地种植，种子自然落地后都可以长出幼苗，人工播种仅是控制各种作物的批量和比例。所以，尽管每年撒播的种类不多，但是地里长出的作物种类却非常多，致使耕作地段多物种并存。当地苗族按照这五种特征选种农作物是传统生态知识具体应用的表现，因为当地苗族将不同作物的这样一些生物属性加以巧妙配合后，能够成功地规避当地所处生态系统的脆弱环节。确保高效利用与生态的精心维护两全其美。①

　　前面已经提到当地生态系统的脆弱因素之一在于成土速度慢，而流失极为容易。正如王世杰所写："学者们都认识到了生物参与矿物或岩石风化作用的重要性，但在喀斯特环境水—土—岩石相互作用中生物在岩石风化和土壤侵蚀的作用过程却是大家关心而又不清楚的科学问题。对碳酸盐岩风化作用的研究是理解喀斯特地区土壤的形成、成土速率的关键，同时也是正确评价喀斯特山区水土流失的关键和生态恢复的工作基础。"② 据西方学者研究表明，在陡坡地段，土壤植被的覆盖率低于 75% 时，在重力和流水的复合侵蚀下，表土最容易流失。此外，喀斯特地区的土壤基质，粒度特别小，只要轻微的流水都可以把土壤基质带走。当地苗族选用丛生样态的植物和实施多物种混合播种，目的正在于尽最大的可能增加地表覆盖度，从而高效抑制土壤基质的流失。当地苗族的烧畲区段，地表土层非常薄，而且不成片，往往是以条状、带状和块状深嵌在岩缝之中，作物种子就只能着生在这样的土壤中，如果作物的种子大，而且不是圆形的话，撒种时就不会很自然地滚入岩缝中，就难以正常发芽和生长。当地苗族选用种子颗粒小、外形较圆的作物作为种植对象，就是针对这一特定的自然背景做到用最小的劳动代价完成播种作业。因而，凡不符合这一要求的植物，如上面列举到的荞子、燕麦、豌豆、蚕豆、大豆、苡仁，都要在烧畲后选择岩缝戳穴点播。这样耕作导致的生态后果，一直未引起学术界足够的关注。据作者对幼苗出土后的长势进行观察，发现所有的作物都密集着生于岩缝中。通常状况下，整条岩缝几乎都被作物挤满，

---

① 吴正彪：《论社会历史变迁对地方性知识积累的影响——以贵州麻山地区三个支系苗族生计方式差异为例》（硕士论文），吉首大学，第 58 页。

② 王世杰、李阳兵：《喀斯特石漠化研究存在的问题与发展趋势》，《地球科学进展》，2007（6），第 574-582 页。

或者完全被枝叶所覆盖。尽管喀斯特山区的岩缝走向呈刀砍状，但即使在暴雨中，土壤基质也不会被冲出岩缝流失掉。事实上，当地苗族在实施刀耕火种时，其水土流失模量都小得测不出来，在这样的状况下，完全可以把岩缝中的土壤视为几乎不流失。

烧畲区段自然与生态结构的第二个脆弱因素，在于自然资源再生量的波动幅度大。各种自然资源在时空分布上不成比例，因而对植物的生长构成威胁，其中最突出的要素包括降水和肥分。由于麻山地区处于亚热带季风区，成雨条件直接受季风方向和强度的制约，年均降雨量虽然在 1 200-1 400 毫米之间，但在时空分布上很不均匀，加上当地土层太薄，储水保水能力极低，只要连续三天不下雨，不少作物都会出现旱象。当地苗族选用耐旱作物实施烧畲，目的就是为了对付降雨量的不均衡。此外，在播种季节，降雨不及时，对收成的威胁更大。因此，当地苗族都必须掌握根据云相、风相预测降雨的相关知识，目的在于确保撒种后的一两天内必须有较强降雨才能满足发芽和顺利成长的需要。与此同时，他们也要巧妙地利用多物种的混合播种以及很多作物都可以半驯化自然长出的特点，以便遇上播种季节天旱时，有足够数量的各种作物顺利长出，满足播种作业的技术要求。他们选用种子颗粒小的作物耕种，撒种量略多于需求量，由此而造成的经济损失并不算大，却可以保证有足够的幼苗顺利长出。比如，他们喜欢种天星米，原因在于，天星米的结种量较大，单单是收割中零星散落的种子已经足够来年出苗的需要了。再比如，虽然苡仁的种子颗粒较大，但苡仁的根有再生能力，头年收割后，第二年可以自然成苗，事实上只需人工播种一次，不需要每年播种，就可以确保连续几年正常收割。豆科植物成熟后，豆荚会自动裂开，种子散落后很容易滚入岩缝，也具有来年自然成苗的功效。正是上述知识和技术的综合利用，才使得保水能力极低的喀斯特石漠化荒山，在降雨量极不稳定的背景下，也能够完成农事操作，并确保产出的稳定。

自然科学工作者对喀斯特石漠化山区土壤肥力的评估，其结论一致性很高，那就是这里的土壤极度缺肥，氮、磷、钾三种要素中没有一样能满足作物的正常生长。但当地苗族正是在这样贫瘠的土壤上，长年稳定地产出各种农产品满足生活所需。问题在于，他们是通过什么手段满足作物对肥分的需求实现稳产？他们采用的手段可以从如下五个方面总结：第一，靠作物搭配。前面已经提到，他们在同一块地内种植的作物很多，不同作物的根系互有区别，深浅不一，可以从不同深度的土壤中吸取矿物质，特别是表层土壤中极度缺乏的磷和钾。前面提到的天星米，还有其他几种豆科作物，当地苗族就是利用它们的根系较深这一生物特点，从深层土壤中吸取必需的磷和钾等养分，将养分储备在枝叶中，来年烧畬时以灰烬的方式夹杂着必需的磷和钾养分回到表土，满足其他作物的需求。当地苗族烧畬时都强调要烧透，所谓烧透就是指烧成白灰，如果不烧透，磷和钾等养分就会滞留在炭中，不能被其他作物所利用。至于氮肥的补充，则是靠豆科植物的根瘤菌提供。第二，当地苗族的游耕并不仅仅种植农作物，烧畬地块上还附生有种类繁多的野生植物，这些野生植物中对磷钾肥分补给至关重要的是乔木和灌木，在烧畬的过程中，这些乔木和灌木都留有树桩，确保它们可以不断地发芽、再生，这些野生植物的根系极深，可以沿着岩缝深入地下四五米，从中吸收磷和钾等必需的肥分，富集到地上的枝叶中，等到来年烧畬时汇集到表土供其他作物使用。由于常规的土壤肥分测量，取样测量范围仅限于一般农作物的根系能够达到的土壤深度，也就是说，只测表土，不测深层土壤的肥分。而麻山苗族却是巧妙地富集了深土层中的磷钾肥分去满足农作物的需要，因此，虽然测得的肥分含量低，但实际利用的肥分并不低。第三，石灰岩中磷和钾的含量虽然极低，但是毕竟有一定的含量，当地苗族播种前都要进行烧畬，在技术操作中，他们强调要烧透，烧透也同时意味着将地表裸露的岩石烧到表层软化或炸裂。事实上，经过这样的火焚之后，基岩表面一般都有 0.1-0.2 毫米的石灰岩已经烧成了石灰。石灰遇水后很容易被水溶解，其中所含的磷和钾等养分，也就被作物直接利用。因此，当地苗族老乡说，我们这里的土，不放火就没有收成，火越烧土越肥。不言而喻，常规的土壤肥分测量，考虑到石灰岩不溶于水，绝不会测量土地上岩石中的肥分含量。测得的肥分含量数值偏低是理所当然的事情，而当地苗族的生态知识，其价值正在于从岩石当中榨取养分。第四，在麻山苗族烧畬地中，另有一些伴生植物，这里主要是指苔藓类和蕨类等低等植物，这些植物有一个重要的特性，那就是在生长的过程中会分泌有机酸，这样的有机酸会腐蚀石灰岩。这样的植物还能榨取和富集石灰岩中微量的磷和钾等养分，将它们富集在植物体内，在苗族乡民烧畬的过程中再释放出来，满足农作物的生长需要。当地苗族乡民实施轮歇耕作，除了让乔木和灌木长高、长大，以便提供足够的燃料供烧畬加热使用外，就是要通过乔木、灌木和藤蔓植物生长提供的荫蔽，使喜阴的苔藓类和蕨类植物迅速成长，以便提供更多的磷和钾等养分，满足下一轮烧畬后农作物旺盛生长的需要。第五，当地苗族对肥料的概念与其他地区的农民不同，他们高度重视灰肥，草木灰在他们看来是最好的肥料，至今，在耕作时都是把草木灰和种子混合在一起播种。原因在于，这样的灰烬能提供当地比较缺乏的磷和钾等养分，此外，他们对于厩肥也往往过火成灰后才使用，原因也在于此。农业技术人员总是千方百计地说服当地苗族乡民将厩肥直接施放，理由是过火后厩肥中富含的氮肥会浪费掉，但当地苗族乡民坚持认为，不过火就不会有肥分，从表面上看似乎与现代科学的结论相佐，但考虑到在喀斯特山区高度石漠化的地段，厩肥的降解很难充分，加上这里的土地都是石旮旯地，大块的厩肥根本无法施到土中，而且，山高坡陡，把大量的厩肥运到烧畲地上，劳力投入也太大，并不划算。综合考虑上述几种情况之后，我们不能不惊叹当地苗族传统知识的巧妙。

综上所述，围绕着作物的选择种植和合理匹配，麻山苗族的游耕操作，基本上可以规避成土慢、流失易这一脆弱因素，再加上烧畲操作和对伴生的野生植物物种管护，又能够成功地补救自然资源再生不均衡的这一脆弱因素。

在麻山地区的峰丛洼地山脊地段，其原生生态系统的发育过程大致如下。由于这里的岩石与土层结构具有特异性，能支持植物生长的泥土仅仅存留在岩缝中，因而，最先着生的植物都只能仅仅依托于岩缝着根，由于保水能力差，这些植物即使着根以后，生长也不可能旺盛，这就必然造成大片裸露的基岩和岩石形成的生存空间无法加以利用。只有藤蔓类作物能够将枝叶伸展到基岩和岩石上，汲取阳光，利用这一空间，这一生长特性可以对原先着根的草本和木本植物构成竞争优势，从而成功地将裸露的岩石覆盖。在藤蔓类作物的荫蔽下，苔藓植物才能缓慢生长，将整个裸露的岩体彻底包裹。再凭借苔藓植物的储水保水能力，支持原先着生的木本植物迅速壮大，并在壮大的过程中，凭借树冠的荫蔽作用，抑制草本植物的生长，形成生态系统的高层结构。然而这一过程，不可能抑制藤本植物的生长，因而，在这样的地段形成的疏树草坡，优势植物应包括乔木和藤本植物，而草本植物只能在灌丛的边缘继续延伸。当人类对这样的原生生态系统实施刀耕火种时，主要表现为乔木和藤蔓植物被抑制，苔藓植物化为灰烬，转化为肥料，为草本植物的旺盛生长创造有利的条件。实施这种刀耕火种的目的，早先很可能是出于更新植被，满足牲畜饲草的需要，以后才转化为种植旱地农作物。不管是出于什么样的目的，只要对原生植被实施砍伐火焚，都会导致这一区段两大脆弱因素的暴露。第一，造成了耕作带基岩和砾石的彻底暴露，也就是说，是人造了一个石漠化带。随着苔藓层被焚毁，储水能力迅速下降，留下的乔木残根即使再生存活，也不能正常生长。只有空出来的岩缝，可以勉强支持耐旱作物的生长。这是苗族在这一地区实施刀耕火种必须种植耐旱作物的根本原因。而耐旱作物正常生长的受制因素正在于，由于大量岩石的大面积裸露，在阳光的照射下，日温度波动幅度大，导致水分无效蒸发，不克服这一脆弱因素农作物就无法正常生长。第二，能够支持农作物生长的岩缝在耕作区段所占的比例极小，而且没有规律，难以实施人力翻耕土地，只有那些能够顺利滚落到有土岩缝中的农作物才能顺利萌发并生长。此次田野调查中，作者针对上述两个脆弱因素，都做了相应的样方实测，关于样方地岩缝实测资料的统计结果如表3.1所示。

表 3.1　10m×10m 样方地岩缝分布特征、数目及着生植物简表

10m×10m 样方	岩缝总数	横向岩缝数	纵向岩缝数	交叉点个数	着生植物	土地利用类型	石化面积/总面积
1 号样方	8	3	2	3	马唐、油桐、构树	丢荒地	40.6%
2 号样方	27	7	19	1	粽粑竹、五倍子、豆科灌木、乔木	封山育林地	15.9%
3 号样方	27	3	16	8	杜仲、棕榈、樟科竹子、灌木、蒿	国家扶贫工程项目地	25.77%
4 号样方	14	6	8	2	野核桃、栎类、杂树、慈竹	封山育林地、风水林	6.7%
5 号样方	4	1	1	2	构树、蛮竹、棕榈、苎麻、侧柏、枫香	弃耕地	31.8%
6 号样方		20	15	9	小白酒草、构树、紫珠	弃耕地	66.83%
7 号样方	9	5	8		老虎刺、构树	封山育林地	46.412%
8 号样方	21	7	9	5	构树、枫香、	耕地（玉米、红薯）	39.51%
9 号样方	0	0	0	0	红薯	耕地（山坡下方的平地，一半丢荒）	14.8%
10 号样方	14	10	2	2	构树、枫香	耕地	73.43%

资料来源　福特基金项目"中国西部地方性知识的发掘、利用、推广与传承"紫云调查实测样方。

从表中数据可以看出，麻山岩溶地区不同地块之间的岩缝数目相差比较大，有的没有岩缝，最多的多达27条岩缝。可见岩溶地区植物的立地位置非常的稀少，而且植物的最佳立地位置可以通过地块上着生的植物的情况加以大致判断。那些能够支撑乔木生长的岩缝下方一定有较多的土壤堆积。因此，在这样的地区，充分利用传统知识的经验积累采取不同的耕作方式可以有效地提高这些地区的产出。

而不同的土地利用方式对于土地的石漠化程度也有很大的影响，封山育林等政策的实施在一定程度上缓解了石漠化的趋势，但在完全放弃人工干预

的弃耕地，石漠化程度依然严重，可见，不能轻易地放弃对于这些地区的合理人工干预。石漠化程度最低的是被麻山苗族视为圣地的风水林，这样的数据也为我们动用传统知识手段实施生态恢复提供了极好的前景。

上述资料也表明了在该地进行农业耕作的困难，如果当地苗族的传统生态知识和技术技能不能成功地规避上述这两个脆弱因素，就必然导致如下四个方面的生态挑战：① 缺水；② 热辐射过强；③ 空间利用率低；④ 杂草控制困难。调查期间，对苗族乡民所做的有关烧畲耕作的访谈表明，他们的传统耕作恰好可以成功地规避上述两个脆弱因素。

从生物特性上看，麻山地区苗族选择的传统作物黍、稷、糁等具有如下一些共性特点。一方面黍、稷、糁等都是耐旱作物，喜碱性土壤，同时它们的种子都是比较小的圆形，这些作物既可以克服缺水的挑战，又能够节省劳动力，最大化利用有限的岩缝，克服空间利用率低的脆弱环节；另一方面，这些耐旱作物的存在，可以抑制原有杂草的生长。从作物利用的时间序列上看，乡民回忆称，一般在刀耕火种的第一年种植耐碱性的小米，第二年种植能够在半碱性土壤中生长的荞子、苋菜等，第三年种植能够在酸性土壤中生长的苡仁。然后实行抛荒，等待下一轮的刀耕火种过程。这就针对性地规避了当地原生生态系统中着生点稀少的脆弱因素带来的土壤有限、土壤的酸碱度变化较快的问题。

一方面，从作物利用的空间层次上看，天星米、苡仁、豆类等丛生、蔓生植物在麻山地区苗族的作物搭配中占据了重要的地位，这具有如下的生态适应性。首先，丛生、蔓生植物因为其枝叶的攀爬蔓延，可以有效利用没有岩缝的基岩，提高空间利用率；其次，丛生、蔓生植物可以提高地表的荫蔽率，汲取阳光，避免因为岩石裸露导致的日际温度变化波动幅度大；最后，这些丛生、蔓生植物的大量生长也抑制了杂草的生长。另一方面，种植这些传统作物需要的刀耕火种操作方式，也带来了一个显而易见的生态弊端，那就是造成了苔藓层的破坏。这就使得原有的传统生态知识中，利用苔藓植物巨大的储水、保水能力促进植物生长的生态知识受到了抑制，酿成了以后大规模的生态退化。

麻山地区苗族的传统耕作制度属于刀耕火种游耕样式，早期历史典籍已有明确记载。然而，对这一耕作制度的烧畲地选择却难以确认。其间的困难在于，在麻山那样的峰丛洼地地区，地表起伏极大，以至于作为一项规范的耕作制度，应该在什么地段实施烧畲，存在着多重选择的可能。历史典籍的记载仅关注烧畲操作本身，对这种复杂地貌的描述，本身就没有规范的术语体系。烧畲在什么地方实施，从来就没有记载过。调查中苗族乡民众口一词地说，必须选择草木繁茂的地段进行烧畬，否则的话，砍伐下来的树木数量不够，火烧不旺，土壤烧不透，撒下的种子就不可能有收成。然而，在山体已经大面积石漠化的今天，不管是山脊地段、陡坡坡面还是峰丛洼地底部，真正理想的草木繁盛环境并不多，无论选择在什么地段进行烧畬，都难以满足乡民们认为理想的刀耕火种条件，这就为传统刀耕火种实施手段的发掘提供了难题。要解决这个难题，不仅涉及地表结构、植被状况，显然还需要涉及喀斯特峰丛洼地的成土原理和成土机制，更要分析在一般状况下土壤的分布规律。只有这四个方面的问题同时获得解决，烧畬地段选择的生态知识才可望最终得到发掘。

　　喀斯特山区的地貌结构是一个极为稳定的自然构成要素。数百年前，麻山苗族普遍实行刀耕火种游耕时，这样的地貌结构早就存在，而且和今天的情况基本相似，并不会发生本质性变化。也就是说，峰丛洼地之间的环形山脊地带在早年也是岩石大面积裸露，基岩成片的石化带。这样的石化带就是我们今天所称的石漠化景观。在这样的地段能否进行烧畬，取决于地表能否提供足够的植物作为燃料，没有这一前提，在这样的地段，显然不能进行烧畬操作。另一个普遍分布的区段是陡坡石山，陡坡石山虽然是作为过渡带，上方是山脊，下方是峰丛洼地底部，但分布面积所占比例并不小。而且有较厚的土层，土壤的堆积虽然不均衡，但某些地段土石堆积厚度可以超过一米。原则上能够支持茂密丛林的存在，访谈中很多苗族老乡都提及，在当地完全停止刀耕火种前，他们曾经在这样的区段种植过小米和荞子。因而，选作刀耕火种操作区段的可能性很大。但这种选择是否符合古代的操作规范则有待进一步的证明。至于峰丛洼地底部，虽然土层极厚，又极为肥沃，完全可以支撑茂密的森林存在，在实地调查中，在这样的峰丛洼地底部就找到了茂密的芭蕉林、女贞树林、竹林和构树林。但必须注意，这样的区段由于水资源储备相对丰沛，又存在着季节性水淹的风险，并不适合上节讨论过的那些耐旱农作物的生长。更重要的是，这里的地表植被可能十分茂密，但在这儿旺盛生长的植物含水量偏高，而且砍伐后具有很强的保水能力，不容易干透，即使有大量的草木残株，也很难将土烧透，因而，即使在周边地区已经完全石漠化的今天也仍然不适合于烧畬，在古代就更无法实施烧畬操作了。总之，当地苗族传统的烧畬区段选择只能是峰丛洼地底部以外的上述两个区段。而且，只有在燃料和种植条件齐备的种植状况下，才可能是古代密集实施烧畬的区段。

　　凭借以上的分析，喀斯特峰丛洼地生态系统的物种构成有两大特色有助于烧畬区段传统知识的发掘工作。其一是，藤蔓植物是这种生态系统中的优势类型物种,对这一生态系统的稳定延续具有特殊的价值。其二是,苔藓植物总生长量虽然不大,但却可以将砾石和基岩彻底包裹起来,形成一个均匀的植物层。一方面分泌有机酸促成石灰岩的风化成土;另一方面,苔藓本身具有一定的吸水能力,因而,苔藓层本身就可以发挥储集水资源的功效,部分替代土壤的保水功能,凭借这两大类植物物种的茂盛存在,高大的乔木甚至是高度喜湿的植物,不仅可能在陡坡坡面存在,发育成参天大树,即使在峰丛洼地的山脊地段,也可能形成相对茂密的植物群落。以上述理解为基础,在山脊地段和陡坡坡面都应当可以实施传统的刀耕火种游耕。同时,田野调查资料可以提供间接的旁证。在这次田野调查中,随行的生物系同学注意到,当年留下来的古树,特别是在陡坡面的古树,都十分巨大,直径可以达到一米以上。在一次烧畲耕作中砍伐这样的大树,或将这样的大树彻底烧成灰烬,这样的操作,不仅在过去,就是在今天实施也有相当的难度。据此推测,当地苗族曾经普遍实施的刀耕火种游耕,操作区段只能选择在山脊地段。原因有如下几个方面。第一,在这样的山脊地段,其原生植被也可以发育出茂密的植物群落,能够提供足够的烧畲用燃料;第二,由于这一区段土层薄,容易遭受干旱,因而地表的乔木不容易长成参天大树,只能长成木质坚硬的老头树,因而,不仅砍伐容易,而且砍伐下来的木材发热量高;第三,在这样的区段,地表石多土少,砍下来的草木由于相对湿度高,容易脱水干燥,十分有利于烧畲之用;第四,这样的区段位于山顶海拔最高处,火焚时不会蔓延到下方的丛林,烧畲时容易控制,不会导致山林失火的风险。基于上述四方面的考虑,作者认为,当地苗族的刀耕火种游耕,只能选择在峰丛洼地的石山山脊地段。而田野调查资料表明,苗族乡民在不久以前,还在这样的区段刀耕火种。在 20 世纪 90 年代对麻山作社会经济调查时就有研究者收集到了当地苗族"烧小米"的资料。[①]通过对烧畲地上的残留树桩和土壤中烧畲后遗留的炭末层的实地踏勘,也找到这些区段曾经多次实施过刀耕火种的痕迹。

石灰岩山体具有石夹土,土夹石的地表结构,而且在这样的结构中,有土的岩缝必然有开口暴露在基岩表面,只要找到这样的开口,就能够支持播下的植物种子萌发成长。这在当地的民谚中也有反映,比如:"岩旮旯,好庄稼;丑老婆,好娃娃。""烧畲的小米爱陡坡,高山上的姑娘喜欢勤劳的小伙。"等。当地苗族的传统生态知识正在于长于发现和利用这样的开口进行刀耕火种游耕。换句话说,喀斯特峰丛洼地的地表土石结构有一系列自身的特点,

---

① 刘锋:《民族调查通论》,贵州民族出版社 1996 年版,第 420 页。

无论在古代还是在今天都绝对不存在连片的土层。认定在这样的石山地区不能从事游耕操作也同样经不起推敲。因为无论在过去还是现在，峰丛洼地的石山山脊地带一直有土层积累在岩缝中和溶蚀坑、洞中，而以这种形态存在的泥土，会随着溶蚀作用的扩大，不断地积累，加厚加多。当然，这种土壤形态也有特殊的流失溶蚀作用规律，那就是，当溶蚀作用形成的纵向裂纹如果与地下溶洞贯通，这种形态的土壤就会被缓慢地冲入溶洞中，在土壤原先占据的位置形成空洞，然而，这样的水土流失过程难以从地表直接观测。①填满泥土的溶蚀坑洞暴露在岩石表面的开口，是山脊地带生态发育的关键着生点，在自然状况下，有当地适宜生长的植物种子掉入这样的缝隙中，使植物能够正常发育生长的先决条件。当然，在自然状况下，种子恰好落入这种缝隙的概率十分低，因而是当地生态系统的脆弱因素之一。然而，只要有足够的时间积累，植物就能够在这样的缝隙开口中着生，形成稳定的生物群落。而且，这样的植物群落在生长样态上会表现得很不均衡，如果下方连通的溶蚀坑和溶蚀洞容积较大，填塞的土壤较多，长出的植物就会比较茂密，反之，即使有植物生长，也会呈现半枯萎状态。作者在这一地区调查所获得的当地苗族的生态知识中，出现频率较高的知识点就集中于通过地表岩缝中长出的植物种类及其生长样态准确地判断岩缝下方的土壤厚度和溶蚀坑和溶蚀洞的大小，可能支持什么样的植物正常生长。应用好这样的知识就可以确保他们实施刀耕火种，正常地利用外人觉得难以利用的区域，甚至可以用来恢复森林植被。

麻山地区属于亚热带季风丛林区，这一地区的总体特点是生物物种极其丰富。这一特点在山脊地带也有明显的反应。在调查中作者注意到，尽管山脊地带的石漠化现象十分严重，但从当前对植物残株和正常生长的植物所作的植物分类学相关鉴定来看，在已经石漠化地段的岩缝中，依然存活着上百种的植物。据此可以推测，未经人类扰动前，即使是在山脊地带，也能够形成相当茂盛的植被，其差异主要体现为构成植被的物种有别，生长样态有别和更新的难度有别。然而对实施刀耕火种而言，这样的差别并不足以干扰游耕操作的正常实施，因为在游耕作业中，关键的需求是要有足够的燃料，如果考虑到要反复烧畲，则需要考虑它的植被恢复速度，以下结合当地生态系统的结构特点针对这两个方面展开讨论。

由于受到土石结构的制约，在石山山脊地带，只要植物的种子落入岩缝就具备了萌发生长的基础。但生长样态能够达到什么样的水平，则取决

---

① 王世杰、李阳兵：《喀斯特石漠化研究存在的问题与发展趋势》，《地球科学进展》，2007（6），第574-582页。

于其他的脆弱因素的制约作用。如果岩缝下方的溶蚀坑很大，高大乔木长到5米以上也是可能的，田野调查中观察到的残株就可以为此作证。不过，考虑到这样的岩缝开口在地表所占的比例极小，因而，无论经过多长的时间，这里的高大乔木都不可能连片，而是依赖岩缝开口在地表的分布，规约着高大乔木只能呈星点状稀疏存在。疏树正是当地原生生态系统的一大特色。这样的岩缝开口，不仅可以支持乔木的生长，同样也是草本、藤本、灌丛等各类植物的着生点。但这些植物在今后能够长成什么样态，则又要受到环境的制约。喜阳的低矮草本植物，随着乔木的长大，显然会受到抑制，灌丛也面临同样的命运。只有藤本植物例外，一旦着根后，可以向空旷的裸露基岩表面延伸，能够接受充足的阳光。因而，藤本植物在山脊地带会成为优势物种。随着藤本植物的蔓延，还会导致另一个结果，那就是在藤本植物的荫蔽下，苔藓植物会慢慢生长，逐渐将裸露的基岩包裹起来，而这样的青苔层一旦形成，就可以部分地帮助土壤发挥水资源的截流功能，更好地支持其他植物的生长。这样一来，在人类未触动以前，今天的石漠化荒山，同样可以覆盖植被，这样的植被可以形象地称为疏树蔓丛草坡。这样的疏树蔓丛草坡，其生命物质的积累非常可观，完全足够支持人类实施刀耕火种。因此，仅凭借现在的石漠化荒山生物积累量极低，就断言麻山过去不能实施刀耕火种是靠不住的。在历史记载中，有充分的证据表明当地的原生植被茂密，而石缝中存在的烧畬痕迹，又可以证明当地苗族在这样的地段早年曾经多次反复烧畬过。

至于这样的烧畬能否反复进行，就不取决于自然因素，而是更多取决于人为因素。现有调查资料表明，当地苗族的烧畬作业砍伐乔木和大型的藤本植物时，十分注意不断绝他们的生机，而且千方百计支持其再生，以便在烧畬停止后植物能较快恢复。田野调查还发现，当地苗族对种植作物以外的野生植物，总是采取管护的办法，而不是像固定农田操作中对待杂草那样一律铲除。举例说，在农作物播种后，还会同时长出众多的野生植物，如构树、毛栗、春树、葛藤、何首乌、岩豆等。他们则会按烧畬停止后植被恢复的需要区别对待，构树既可以取构皮，又可以摘取树叶喂猪，他们就会不断的修枝和摘叶，抑制其生长，务使构树的存在不妨害作物生长，同时又小有收益。对毛栗树则在距离地面一尺左右砍断作柴薪使用，对何首乌一类的藤本植物，则是将藤蔓生长方向移向裸露的石岩，让它替农作物遮阴降温。经过这样的区别对待，直接危害农作物生长的茅草会被较彻底地清除，而对农作物不构成直接伤害的野生植物则仅是加以抑制，但不断绝生机，一旦停止烧畬，进行休耕，这些管护下来的野生植物就会迅速壮大，使整个植被得到快速恢复。

他们的最后一项措施是，在烧畲结束后，还会在相应的岩缝中撒播野生植物的种子，这些种子有的来源于动物储存的越冬食物，有的则来自于动物的粪便，比如猪吃了构皮果球以后，粪便中包含了不能被消化的种子，将这样的粪便塞到岩缝中就可以达到播种的效果。经过上述三项操作以后，烧畲操作对生态环境构成的冲击就可以得到很大程度的补救。总之，有了上述三项操作的保证，山脊地带的烧畲就可以多次反复进行。除了麻山之外，作者在金沙县平坝乡八一村也收集到类似的例证。不少研究者从习惯性认识出发，总是对麻山苗族的古代烧畲作业持怀疑态度，他们不敢相信，在这个几乎没有土的石头山上，如何种植庄稼，如果按照没有地表土壤就不能种植庄稼这一逻辑，断言这一石山地带不适合人类居住也就顺理成章了，然而，事实恰好相反，这里一直世代居住着苗族居民，因而，我们应当重视当地苗族的传统知识，重新审视类似石山地带的成土原理和成土机制。

从理论上讲，石灰岩会发生溶蚀作用，坚硬的岩石会以液态形式被流水带走，只有岩石中含量微乎其微的二氧化硅才可望成为土壤基质，岩缝中所夹的土壤，颗粒极细，就来源于二氧化硅微粒，但这仅是按常规理解的成土原理。结合苗族的传统生态知识，在这样的石山地带，还有两套成土机制在发挥作用，可以支持生态恢复和烧畲作业。其一可以称为生物成土，[①] 其二可以称为火焚成土。生物成土的含义是指，很多植物，包括苔藓、杂浆草及很多景天科植物，在生长的过程中根部会不断地分泌有机酸，这些有机酸对石灰岩岩体有很强的腐蚀能力，腐蚀的结果会形成微粒状的有机酸钙和有机酸镁，这样的颗粒在当地的土壤中随时可以检测到，而且数量不少，他们同样可以发挥土壤基质的作用，支持作物着根生长。在当地，只要将基岩上覆盖的苔藓层翻出来，贴近岩石的一面都可以观察到厚厚的土层，这些土层的基质基本上都是不溶性的有机酸钙和有机酸镁混合物。这样的混合物冲入岩缝中，也是岩缝土壤的构成物之一。

苗族实施刀耕火种，火焚的技术要领就是要将土石烧透，其技术原理在于将石灰岩的表面一薄层碳酸钙加热烧成氧化钙粉末，这样的粉末遇水并吸收二氧化碳后，又会转化为碳酸钙或碳酸镁颗粒。这样的颗粒冲入岩缝后，也会成为土壤基质的一个构成部分。总之，由于土壤都夹在岩缝中，因而，在这儿实施烧畲操作，不仅不会直接造成水土流失，相反还会增加土层厚度，难怪当地苗族乡民说，他们这里的土越烧越肥，越烧越厚。有鉴于此，我们必须承认，石灰岩山脊地段的成土原理与其他地段很不相同。

---

① 李阳兵等：《岩溶生态系统的土壤》，《生态环境》，2004（3），第434页。

按照苗族的生态知识进行烧畲，对水土结构的稳定有利而无害，完全可以支持烧畲活动的反复进行，石灰岩成土原理有别，形成的壤土性质也不同。最突出的特点在于，这样形成的土壤基质也具有可溶蚀性。比如，土壤中的碳酸钙或碳酸镁颗粒，一旦停止烧畲，土壤转为酸性，这些颗粒又会像岩石一样发生溶蚀作用而消失掉，至于有机酸钙和有机酸镁，同样可以被其他生物所降解，并结合溶蚀作用而消失掉。因此，在这样的地区，有计划地烧畲和有计划地推动生态恢复，并不会诱发水土流失，加剧石漠化的程度，反而会加厚土层，缓解石漠化的程度。有鉴于此，在这样的石漠化地段，很难测到水土流失模量的具体数据，如果人类不加以干预，尽快地推动生态恢复和有计划地利用，石漠化程度反而会加剧。苗族的传统生态知识恰好是针对当地生态系统的这一特殊需要而建构，离开了当地苗族的传统生态知识，把石漠化的荒山搁置起来，期待自然恢复，不但做不到，反而会加剧石漠化程度。西方生态学家最近提出的"适度干预"理论，其含义是指对各种生态系统有针对性地加以适当干预，有助于生物多样性水平的提高和生态的恢复。通过以上对苗族烧畲地区段选择的相关传统生态知识的分析，恰好是这一西方理论的佐证。

第三节 麻和玉米的种植与生态适应

清雍正年间，朝廷发动大规模改土归流运动。在这场政治巨变中，残存的土司势力进一步削弱，越来越多的少数民族地区也正式纳入了中央王朝的直接统治。麻山苗族由于传统生计方式的差异，刀耕火种所形成的产品很难被外界批量利用，加上地貌崎岖，交通极其困难，因而在历史上一直被朝廷视为"生界"。[1]清代典籍声称当地苗族是自愿归属朝廷的，这片新开辟的土地随即划归安顺府统辖，并为此新增了归化厅以管理他们。[2]其后清廷实行了一系列奖励发展经济的措施，鼓励当地苗族、布依族普遍种植棉麻等经济作物，以便换取当时通用的货币——银两，确保这批新归附的苗族居民有能力缴纳"地丁银"。这一举措在正史中被渲染为照顾边民、发展生产的明智之举。然而当事双方均未意识到，这一举措会成为诱发麻山石漠化的发端之一。

---

① 《清史稿》卷 515《列传》302《土司四》。
② [清]田雯撰：《黔书》卷上《苗俗》。

改土归流后，清廷鉴于这批新归附苗族的常规产品很难纳入国家税收体制，因而采取了一种变通措施，就是用政府的行政力量在麻山地区推广种植棉麻等经济作物。由于棉麻产品，其他地区十分急需，市场容量大，在交通不便的条件下，产品又易于运输，出售这些产品可以从其他地区换回银两，支持这些新归附的苗族完纳地丁银。单就短期效益而言，可谓是一举三得的便民之举。因此，麻山苗族的刀耕火种受到了一定的抑制，开始了大规模种植麻和玉米。

据《紫云苗族布依族自治县县志》记载："县内苎麻栽培具有较久历史，各地均有种植，其中，打郎、红岩、妹场、宗地、大营等地种植较多，俗有小麻山之称。民国 30 年（1941 年）总产 36 吨，平均亩产 31 公斤，1949 年种植 760 亩，总产 27 吨，平均亩产 36 公斤。1985 年种植 915 亩，总产 20 吨，平均亩产 22 公斤。""苎麻：民国年间，主要种植本地种青秆麻，单纤维支数 191%，一般亩产 35 公斤。解放后，国家提高麻的收购价格，调动了农民种麻的积极性。1957 年，由绥阳县引进苎麻种 25 公斤，在宗地乡进行培根繁殖，后推广到红岩、妹场、打郎、大营等地。1980 年后，农业部门又由桂林引进六竹青和黑皮兜，在境内东南岩山地区试种，单纤维支数达 340%，原麻长度及炼折率均比本地品种高。"[①]

从著名学者张肖梅编着的《贵州经济》[②]一书的数据中，作者整理出了紫云在安顺市场的各主要农产品交易中的比例，由下表数据不难看出，紫云的棉和麻的产量整整占了整个安顺市场交易量的一半，更不难想象种植苎麻极盛时期的盛况和产量，如表 3.2 所示。

表 3.2 安顺县各项农产品最近五年年均输入数量及其地别比率

	输入产量	紫云所占比例	备注
棉	4 000 斤	50%	罗甸 30%，湖北 20%
黄豆	4 000 石	20%	织金 40%，普定 30%，平坝 10%
小麦	3 000 石	10%	郎岱 70%，镇宁 20%
麻	4 000 斤	50%	定番 20%，普定 20%，广顺 10%
包谷	10 000 石		织金 60%，普定 30%，镇宁 10%
米	200 000 石		定番 40%，广顺 40%，平坝 2 0%

资料来源 张肖梅：《贵州经济》，中国国民经济研究所，1939 年。

---

① 紫云苗族布依族自治县县志编纂委员会：《紫云苗族布依族自治县县志》，贵州人民出版社 1991 年版，第 117、122 页。

② 张肖梅：《贵州经济》，中国国民经济研究所，1939 年。

从《紫云苗族布依族自治县县志》的只言片语中可以看到，种植麻的传统一直到20世纪80年代仍然占据着相当重要的地位。"宗地位于县的东南部，距县城40公里，有乡间公路由宗地相通于紫望路。宗地场市开辟于清代。逢龙日、狗日赶场，故名宗地龙场。地处紫云、长顺、罗甸三县交界，历来是紫南的一大场市。清代、民国时期就常有广西百色、安顺、长顺、罗甸、望谟、贞丰等地商人前来贸易。从1982年起，改为星期天赶场，市场更是繁荣。每场上市人数在一万人以上，营业摊位250多个，上市物资700余种，年成交额100万元以上。本地主要土特产是青麻、仔猪、山羊、活鸡、大蒜、构皮、竹子、竹编、皮张、中药及野生动物。宗地花猪是县内的优良品种，耐粗、育肥期短，肉白细嫩味鲜。山羊既大又肥，骟羊每只可达100多斤，板皮优良。宗地及邻近的几个乡，素有'麻山'之称，是省内青麻的主产区之一。"

然而，正如杨庭硕先生分析的那样："推广种植棉麻的后果，却非始料所及。高度发育的峰丛洼地山区，根本找不到连片而稳定的土地资源。麻类种植需要土层丰厚，排水良好，土壤肥沃的连片土地。这一地区能够勉强满足麻类种植的土地，仅限于溶蚀洼地底部。要推广麻类种植，可行的办法只能是凿通地漏斗排干溶蚀湖，在原先的湖床上种植麻类。今天麻山地区土地石漠化正是两百年来凿通地漏斗后，水土资源泻入地下溶洞长期积累造成的后果。"①

他还分析了麻山苗族逐渐定居带来的一连串始料未及的生态影响。由于出售土特产品换取粮食十分合算，原先分散取食的游耕生计模式就会受到抑制，为了规避麻的市场价格波动风险，开始种植粮食以自给。生计方式改变的一个明显标志是居住场所的下移。当地苗族从原先居住的半山岩洞迁出，既方便就近照看新辟麻园，也便于在地下水位下降之后取水。但溶蚀盆地底部的土地资源极为有限，粮麻争地成了资源利用的主要矛盾。为缓解这一矛盾，只能是向山林开刀，陆续毁林开荒。

在民国时期的著名学者张肖梅编着的《贵州经济》一书中，也留下了传统的游耕生计产品逐渐被来自南美洲的玉米占据重要地位的痕迹。

该书中多处记载了玉米在紫云县的粮食产出中的重要地位。如"玉蜀黍为黔省缺米各县之主要替代品，良以运输之困难，食米调节不易，而又不能空腹以待，不得已而求其次，则玉蜀黍尚矣。""苞谷之种植易，培养简，无论斜坡倾谷，均能生长。而作为米粮之替代品，滋养既丰，价复低廉，贫民

---

① 杨庭硕：《苗族生态知识在石漠化灾变救治中的价值》，《广西民族大学学报》，2007(3)，第24-33页。

咸乐用之，因此种植较多。故苞谷之产量，几及食米之半。"如表 3.3 所示。

表 3.3 紫云县各种农作物产量表

民国26年(1937年)统计	耕种面积（市亩）	前半年实存量（担）	本地收获（担）	外地输入（担）	本地食用（担）	输往外地（担）	现在实存量（担）
红稗	3 278		3 278		1 967		1 311
小米	4 250		4 250		2 550		1 700
高粱	2 869	0	2 869	0	1 722	0	1 147
甘薯	412	0	412	0	248	0	164
大豆	30 359	0	30 359	0	18 216	0	12 143
玉蜀黍	23 330	0	23 330	0	14 000	0	9 330
大麦	2 000 亩		12 000		9 230		2 770
小麦	3 000 亩		18 000		1 320		5 680
大米			392 620 市担		392 620 市担		每市担价格 6.03
棉花			1 400 担（年产）				

资料来源 张肖梅：《贵州经济》，中国国民经济研究所，1939年，G 一七到二十六。其中大米的数据为民国 27 年（1938 年）的调查数据。

"这也是一个缓慢积累的过程，开始并没有明显的负面效应，但随着毁林面积的扩大，陡坡地段失去了植被的荫庇，水土流失愈演愈烈。加上农田建构和反复耕作松动了基岩和土层结构，扩大了地表和地下溶洞间的通道，水土流失更加严重。长期积累后，陡坡地段必然呈现大面积石漠化。"[①]山林仅仅在一些边远的山村得到保存，"解放前，境内三合、平坝、白花、大营、四大寨、纳容、磨安、花山、克混、克卜、宗地、打郎、妹场、红岩、坝寨等边远乡村，森林繁茂，山林连片，村寨附近单株古树、大树多。民国 31 年（1942年），县内有林地 1 076 456 亩，森林覆盖率达 32%。"[②]可见，经过一段时间的积聚，在人类活动的大举进攻下，麻山的生态环境开始走下坡路，脆弱生态环境初露端倪。

麻山苗族对于玉米和麻的种植带来的负面影响自然也有察觉，并且积极地采取了一系列的措施来缓和、化解玉米和麻的种植给生态环境带来的冲击。

① 杨庭硕：《苗族生态知识在石漠化灾变救治中的价值》，《广西民族大学学报》，2007（3），第 24-33 页。
② 紫云苗族布依族自治县县志编纂委员会：《紫云苗族布依族自治县县志》，贵州人民出版社 1991 年版，第 126 页。

在作物品种搭配上，根据地块的位置、肥沃程度、朝向等来决定种植的作物品种、峰丛洼地的底部，当地人称为"平地"，土壤肥沃，往往用来种植苎麻、杂交玉米、辣椒、荞菜、天星米等作物，而在陡坡地，一般都种植不容易倒伏的本地苞谷、小米、天星米，豇豆、南瓜、构树等。不难看出，当地对于麻和玉米这两种外来作物进行了很好的调适，充分根据它们的生物特性与原有的作物进行了多种类型的搭配，以求得在自然资源波动较大的自然环境下年际收成的相对稳定。例如，村民告诉我们，虽然把玉米、豇豆和南瓜一起种，包谷的产量会少一些，但是虽然包谷产量少，包谷秆却会比较多，照样可以用来喂猪，所以都喜欢套着南瓜、豇豆、玉米、天星米种。但是，如果碰到风灾严重的年份，包谷全部倒伏，没有收成的时候，南瓜和豇豆的产量都会比较高，而如果遇到南瓜、豇豆因为虫灾，没有收成的时候，包谷的产量就会比较高。至于天星米，更是加以了充分的利用，他们会随处撒天星米的种子，既可做蔬菜使用，又可以充作饲料。同时，还使天星米发挥避免土壤暴露、提高土壤墒情、抑制杂草生长的作用，甚至于还有意识地促使天星米成为某些害虫的寄主，方便日后采食这些害虫。等十月、十一月成熟时，陆续用摘刀收割成熟的穗线，集中晾晒脱粒，收集籽实充作旱季的食物，脱粒后的穗秆则充作猪饲料，到需要燃料时则将留在地头的秆蒿连根拔起使用。①

在耕作技术上，充分认识了麻和玉米的生物特性，如表3.4所示。比如，了解杂交玉米安单136种在平地里产量高、个大，可比本地品种收成多三分之一，但只能种在平地。而且籽实很难煮熟，就算在很嫩的时候收割回来做苞谷饭，都得趁热吃才行，否则会变得很硬，口感不好，一般用来喂猪。对于麻，则有一系列从播种、收割到使用的传统知识，比如知晓它的三种不同的栽培方法，可播种、移栽、自家留种。能够熟练掌握麻的栽培技能：种之前先用牛翻耕或用锄挖地，再放一层厩肥作为底肥，然后种上秧苗。一年可以收割四次，分别在3月、5月、7月、9月。待高约70-80厘米的茎皮发黄时就可以收获，可长至1.5米。开春时需要松土，收获时施加农家肥，收割时除一次草，还有专门的三角形的除草工具。他们还能够准确把握收割时间，有谚语总结为"头麻不过端午，二麻不过七月半"。也积累了对于麻的质量判断的经验和知识，认为带绿色的麻通常质量比较好，如果干麻的长度能够达到1.5—1.6米左右，价钱会卖得比较高。

---

① 吴正彪：《论社会历史变迁对地方性知识积累的影响——以贵州麻山地区三个支系苗族计生方式差异为例》（硕士论文），吉首大学，第28页。福特基金项目"中国西部地方性知识的发掘、利用、推广与传承"子课题紫云调查小组调查笔记。

表 3.4 打郎村苗族农事日历

时间	农活
正月	锄草、整理地块
二月	犁地、挖地、背柴回家、挑粪、撒种
三月	挑粪、撒种
四月	薅包谷、
五月	薅二道包谷
六月	收豇豆、黄豆、栽番薯
七月	要柴、收杂交苞谷、讨猪菜
八月	收本地苞谷、点胡豆、点油菜、要柴、讨猪菜
九月	锄草
十月	砍柴、讨猪菜、堆包谷秆、点豌豆
十一月	要柴
十二月	要柴

资料来源 2007 年 8 月 22 日田野调查笔记。

可见，虽然种植玉米冲击了陡坡地段的原生植被，但通过与苗族传统的游耕生计方式有效的结合、创新，一定程度上缓和了水土容易流失的脆弱因素；基本化解了麻山岩溶脆弱生态地区陡坡区段自然与生态结构自然资源再生量的波动幅度大的脆弱因素。甚至于还克服了石漠化现象日渐严重以后出现的日际温度变化大的脆弱因素。其关键性的传统知识要领，在于通过几种选育出来的作物的搭配，针对性地达到尽可能多地保证陡坡地段的植被覆盖，减少水土流失，一方面通过南瓜、豇豆等藤蔓作物的生长，抑制地表的日际温度变化幅度过大的脆弱因素，以利于作物的生长；另一方面豇豆等豆科植物又给玉米增加了养分供应。而且，几种作物的搭配还取得了回避气候变化风险的作用。

总而言之，麻山的苗族文化中既拥有不少桃榔木的采集、利用一类适应当地恶劣自然环境的传统知识，又有一些像种植麻和玉米这样在外力的推动下出现，却经过麻山苗族根据当地环境特点在长期的实践中创造出来的混合种植等适应于环境的传统知识，作为一个人类学者，应该保持对"原初丰裕社会"[①]的高度警惕，既不盲目过分美化当地的文化习俗，又要尊重当地的文化；既不盲目蔑视传统知识，也不一味尊崇现代科学技术。要认识到传统知识和现代知识并不是截然两分的知识体系，立足脆弱地区的实际，挖掘传统知识中的合理内核加以发扬光大。

---

① 尹绍亭：《我们并不是要刀耕火种万岁》，《今日民族》，2002（6），第 17 页。

第四节　穴居、悬棺葬与生态适应

麻山苗族的地方性文化，明显地表现出一些突出的特异性。这些特异性中，传承最为稳定的内容，并不来源于苗族、瑶族的远古传统，而是来源于对所处自然与生态环境适应的结果。自从麻山苗族见诸文献以来，外界早就注意到他们是一个长期延续穴居习俗的社区，又是一个长期执行崖棺葬的社区，更是一个执行免耕的社群。随着调查的深入，民族学家们注意到，他们还是一个长于并行利用多种生物资源的社群。这些文化特异性，不仅见诸文献早，而且在当代还处于正常延续状态。如果要对这样的文化特质作一个提纲挈领的归纳，那最好将他们视为一个惜土如金的社群，也是一个长于利用分散资源的社区。

"穴居"是指在一个正常的生活周期内，绝大部分时间都在洞穴居住，完成日常生活的文化特征。对于"穴居"，学术界早就形成了一种看法，认定"穴居"是远古的、极为落后的遗风；或者认定"穴居"仅是对已有天然环境的被动适应。自从田汝成提到·"构竹梯上下高者百仞"以来，不少研究者都是按照这种习惯性的观点去理解和评估麻山苗族的"穴居"习俗。类似研究的明显缺陷在于，忽略了人类在文化建构中的能动作用，事实上，"穴居"更具自然与生态适应价值，即使所处的生态环境中没有可供利用的天然洞穴，相关的人群还是会通过人工的办法建构洞穴，满足"穴居"习俗的需要。渭水流域新石器时代的考古学发掘证明，当时的远古人们就是居住在人工建构的"穴居"式住房中。有文献可考的通古斯各民族历史同样表明，早年这些民族都是住在人工建构的"穴居"式住房中。更值得注意的是《礼记·王制》明确地记载："修其教不易其俗，齐其政不易其宜。……北方曰狄，衣羽毛，穴居。"①意思是说，中国北方的各民族普遍实行"穴居"。而且，这样的"穴居"方式在今天的黄河两岸和陕北的汉族居民中还正在延续。在我国的民族调查中也有相关的对于居住在洞穴里的人们的相关记载。②因此，将麻山苗族长期稳定实行"穴居"习俗简单地理解为对当地众多天然溶洞的适应，显然是一种极为肤浅的论断。至于将"穴居"习俗理解为落后和愚昧，那更是习惯性偏见导致的理解失误。

在今天，麻山苗族中一直延续着真正意义上"穴居"的还有 300 多人，

---

① 《十三经注疏》，中华书局影印本，1979 年版，第 110 页。
② 尹绍亭：《喀斯特山地的人类生态》，《文化生态与物质文化》（杂文篇），云南大学出版社 2007 年版，第 175-206 页。

分散在紫云、罗甸、长顺、望谟四县内，其中，中外闻名的紫云中洞"穴居"点，正处于作者田野调查点的范围内。与500多年前田汝成记载的时代相比，"穴居"的规模和普遍性显然大大缩小了。然而，决不能据此作出结论，说"穴居"在麻山苗族中仅是一种远古遗风，更不能说"穴居"是一种即将被彻底淘汰的落后习俗。理由在于，在今天的麻山苗族中，尽管常年住在山洞的人极为有限，但是，为了规避严冬与酷暑，短期住进山洞的苗族居民却为数不少，许多早年定居过的山洞，即令人类已不再长年居住，但在整个麻山地区仍将其用作仓库、酒窖。至于青年男女婚恋游乐，经常不定期在山洞居住，在麻山苗族中也是一种十分普遍的生活尚好。更值得注意的是，像这样利用天然溶洞，还不仅仅局限于麻山苗族。苗族不仅将天然溶洞作为仓库和婚恋场所，还是重要节日"跳洞节"的圣地。正月初四到初九，是苗家的跳洞节。九村十八寨的人们都身着盛装，走上几里甚至几十里山路，聚集到一座苗寨里，然后日日轮换寨子，连跳六日。无论在哪一处寨子，都要先去"跳洞"，年轻的姑娘小伙，先钻进寨子附近最大的溶洞，吹芦笙、唱歌、跳舞，待到人越聚越多，洞里实在装不下的时候，才转移到洞外宽敞的地界，继续歌舞狂欢。[①] 不止苗族，安顺地区的布依族、荔波县的水族也有相似的文化习俗。因此，对"穴居"的概念，显然需要做一点必要的延伸，应当将能动地适应于天然洞穴也理解为"穴居"习俗的有机组成部分。

　　如今尽管绝大部分麻山苗族已经搬出了山洞，但是仍然对山洞依然充满了依恋。按照他们的总结，山洞住家有六大好处：其一，冬暖夏凉，生活很少受到不利天气环境的干扰；其二，山洞里的水源和空气最为清洁安全，不会传染疾病，以至于缺水时他们还要很自然地去山洞中取饮用水；其三，住山洞极为安全，不管外界社会秩序多么混乱，住在山洞中都不会受到干扰，当然，这也是在该地区计划生育工作极难开展的原因之一；其四，在山洞住家，用地最节约，在麻山这个土贵如金的喀斯特山区，几十平方米的屋基地，显然是一种极大的土地资源浪费。事实上，现代的集镇建设和村庄建设，占用的恰好是他们最好的耕地，当代口谚称"大田大坝搞开发区，旮旯角落搞坡改梯"，正是这种土地资源利用极不合理的生动写照；其五，岩洞中不仅气温、湿度稳定，通风良好，而且微生物群相对单一，生长不活跃，储藏在山洞中的粮食、食品可以长期保鲜，客观上可以部分发挥冰箱的作用；其六，在山洞住家，可以高度节约能源，不需要耗费能量调节气温，生火仅是为了避湿气。因而，可以节约大量做燃料的木材，零星的农作物秆蒿就足敷使用。

---

① 送戈：《仙洞幽幽何处寻》，《贵阳生活新报》第28版，2008年5月30日。

这样的住宅，投资小、维护费用低，不怕任何形式的自然灾害损伤住房，可以称得上是风雨不动安如山。总之，以山洞为家，绝不是因陋就简的凑合过日子，而是综合认识和理解溶洞的自然属性后加以利用的一系列创新之举。他们至今仍然保留了利用山洞的相关文化习俗。可见，"穴居"习俗的后续影响远远还没有过去，作为一种文化适应的成果，在今天和未来都还会发挥意想不到的作用。

麻山苗族不仅利用天然的洞穴居家，还将洞穴用作死者的安息之地。在麻山调查过程中，有两种地名极为显眼，其一是某某红岩，其二是某某白岩。红岩是指活人居住的山岩，白岩则是指安葬死者的山岩。但凡安葬死者的山洞，洞口都掩映在丛林之中，十分隐蔽。田汝成的记载中，没有提到这一点，应当说是十分自然的事情。这种将死者安葬在山洞中的葬式，目前学术界所用的术语有些混乱。一部分学者称为崖葬，一部分学者称为洞葬。但一致认可"中国南方地区目前多见到的崖洞葬年代都比较晚，大多数为明清时期的文化遗存。崖洞葬的分布区域主要集中在黔桂两省苗族、瑶族聚居的石灰岩山区。"[①] 作者在全面考察麻山苗族的葬式后，感到大有澄清的必要。

麻山苗族的葬式，其实是一个高度复合的概念。就实质而言，他们执行的葬式，应当总称为风葬。棺柩完全不埋入地下，而是厝置在地面以上的空间，但厝置的处所却可以千差万别，既可以厝置在大树上，即考古学家所称的"树葬"，又可以厝置在临水的悬崖上，这就是考古学家所称的"悬棺葬"，更多的是放置在天然溶洞中，这就是考古学家所称的"洞葬"或"崖葬"。[②] 更特殊的是将棺柩用绳索悬挂于山崖之间，该如何称谓，作者一时还找不到合适的名称。此外，前面已经提及，在麻山苗族中，还要实行假葬，等到正式丧仪结束后再正式安葬，这就是考古学家所称的"二次葬"。上述各类千姿百态的葬式，在麻山苗族中一直延续至今。但对这些葬式的起源和意图，却大有深究的必要，否则的话，很难理解，为何当地苗族要同时并行如此多的葬式。

查阅相关典籍后，作者注意到远古时代苗族的确有普遍实行风葬和二次葬的习惯，《隋书·地理志》长沙郡条记载说，将死者用藤蔓挂在树上，后拾取尸骨，清洗干净后，再集中正式安葬。单凭这条记载，就不难看出，学术界所称的"风葬""洞葬""崖葬""悬棺葬""树葬""二次葬"全部兼容，这恰好说明，已有的术语很难揭示苗族这一葬习的实质。《溪蛮丛笑》对同一地

---

① 陈明芳：《中国悬棺葬》，重庆出版社 1992 年版，第 242-243 页。

② 雷广正、莫俊卿：《黔南悬棺葬及其族属初探》，《民族学研究》（第四辑），民族出版社 1982 年版，第 132-140 页。

区的同一葬习又作了如下记载:"葬堂:死者诸子照水内,一人背尸,以箭射地,箭落处定穴。穴中藉以木,贫则已。富者不问岁月,酿酒屠牛,呼团洞发骨而出,易以小函。或枢崖屋,或挂大木,风霜剥落,皆置不问,名葬堂。"①两相对比后发现,《隋书·地理志》的记载绝非孤证,因为两书记载的时代虽然不同,丧葬执行的具体内容也互有区别,但是,众多葬式的复合并行却一般无二,这更加证明,古代苗族执行的是一种葬习,而不是互有区别的几种葬习,这确实值得学术界深思。②

　　正面报导麻山苗族实行崖葬的资料最早来自《百苗图》的记载,该书对此偶有提及,记载的对象是如今生息在四大寨的苗族,不在作者的调查范围。而此后的历史典籍,凭借麻山苗族实行崖葬,将传统的"克孟牯羊苗"一名改称做"炕骨苗"③,并较为准确地报道了实行崖葬的地理范围,区域恰好与作者的重点调查区相吻合。雷广正、郑继强则系统报道了黔南地区麻山苗族实行崖葬的实情。④陈明芳所著的《中国悬棺葬》⑤一书,也有很多相关资料。综上,这种术语使用上的混乱来源于研究者从局部的特征出发对当地苗族统一的葬习赋予了各不相同的名称。这种情形让作者感到不能就表象论事,必须进一步追究苗族实行这一葬式背后所隐藏的人观和生态观。

　　由于近年来丛林萎缩,早年掩映在丛林中的崖葬洞口和悬棺葬洞口,大多可以凭肉眼直接观察到,虽然几乎无人能够明确指认这些安葬遗址中具体棺枢中死者的名称,但死者属于哪个家族,却一清二楚。格凸河两岸悬崖的溶洞中,崖葬遗址特别密集,探勘这些崖洞后,印证了"崖洞葬是按照氏族或家族同葬一洞"⑥的葬法,不同家族的死者,其安置区位各不相同,安置的方式也小有区别。比如,棺木放置的方向就互有区别,棺木形制也小有差异,足证他们的葬式并非随意安葬,而是各家族间延续着稳定的传统。遗址踏勘的上述情况,至少可以说明如下四个方面的问题:第一,不同家族间安葬死者的位置有一个大致的区分,一般不会将自己先辈的棺枢错置到其他家族的墓区内,因而,每个家族父子联名谱表提及的死者,

①　[宋]朱辅:《溪蛮丛笑》,上海古籍出版社1987年版,第47页。
②　符太浩:《溪蛮丛笑研究》,贵州民族出版社2003年版,第314-321页。
③　《贵州通志 土民志一 炕骨苗》条载:"炕骨苗,归化厅有之。访册云:'又名老苗,重拳术,轻文学。婚姻丧葬与夷人(指布依族)同。停丧以头外向倒厝之,瘗葬亦然。有不葬者,置尸山洞或岩壁间,任其干去,故得炕骨之名。'"
④　雷广正、郑继强:《道真县悬棺、岩棺、大石板墓葬族属问题探讨》,《贵州民族研究》,1986(2),第13-16页。
⑤、⑥　陈明芳:《中国悬棺葬》,重庆出版社1992年版,第26页、第242-244页。

究竟安葬在哪一个区位是一清二楚的，只是不能指认是哪一位死者。事实上，各家族每年举行的祭祖活动，都不需要到祖先的安葬点去进行，而是直接在家中执行，用意是把祖宗的灵魂接到家中来接受祭享。第二，这些悬棺葬、崖葬遗址，由于各种原因而没有得到精心的维护。第三，将死者安葬在什么地点，按什么方式和规格进行安葬，取决于两个方面的要求。一方面他们高度尊重死者生前表达的意愿；另一方面，往往将家族发展是否顺利归因于安葬死者是否合乎规格，是否满足了死者的意愿。第四，悬棺葬、崖葬、树葬在当地苗族的观念中是一种终极的安葬形式，因而，此前要执行很多丧仪。比如，前面提到的"假葬""办冷丧""洗骨""二次葬"都属于这些内容。悬棺葬和崖葬执行前夕，最隆重的一次丧仪祭奠，称为"倒簸箕"[①]。通过上述丧葬行为，不难透视当地苗族的人观。在他们看来，举行各种丧葬的目的都是为了释放死者的灵魂，使他的灵魂顺利地返归祖宗的所在地，与祖宗灵魂团聚，重新过上一种与生前相似的快乐生活。[②]实施"洗骨"和"二次葬"正是为了能动地释放死者的灵魂。从这样的人观出发，田野调查资料和文献记载的各种丧葬习俗才能得到符合逻辑的解读。

麻山苗族长期延续风葬，不仅有人观上的原因，也是适应环境的产物。事实上，在麻山地区，除了溶蚀盆地底部外，几乎找不到可以埋葬棺柩的理想地点，而溶蚀盆地底部恰好是每年都可能有季节性水淹的风险地段，在溶蚀盆地底部实行土葬并不具备起码的自然和生态环境。相反地，实行崖洞葬却可以节约土地资源，避免死者与活人争地。"因崖洞葬在葬法上是按氏族或家族同葬一洞，为了长期利用和保存这种公共墓地，所以每隔数十年或者一百年左右要采取焚毁洞内棺木的办法。如罗甸县董架乡一个巨大的石灰岩洞中的棺木也曾在 20 世纪 40 年代被焚毁上千具。"也就是说，他们的丧葬习俗也是一种惜土如金的好风俗，对此，在田野调查中，乡民们从不讳言。他们会很质朴地说："我们这儿土地太少，坟埋多了，到哪里去种庄稼？"山上的荒地虽多，但土层薄，向下挖掘还不到十公分就可能碰上坚硬的基岩和砾石，难以挖掘，根本无法安置死者。正因为普遍实行风葬是传统观念所使然，所以，在当前的现代化进程中，他们的行为和观念很难与外界合拍也就是情理中的事情了。

与其他地区一样，地方政府也在麻山地区推行火葬，以便完成移风易

---

① 中国人民政治协商会议紫云苗族布依族自治县民族宗教文史海外联谊委员会：《紫云民族风情》（文史资料 第二辑），1999 年，第 30-31 页。

② 刘锋：《古驿苗寨话烧灵》，《苗学研究（三）》，贵州人民出版社 1994 年版，第 150-169 页。

俗的施政义务。宣传的理由是：改成火葬可以节约土地和丧葬费用，又不会影响环境美观。但在宣传的实践中，乡镇干部普遍感到自己的宣传不合逻辑，而处于尴尬境地。因为这儿实施的传统葬习，从未挤占过一寸耕地，也不需要对丧事大操大办，更不会追求葬具的奢侈豪华，因而，无论从任何一个角度讲，都与移风易俗的初衷不相矛盾，这样的传统从实用的角度看，根本无须改变。这就使得在当地实施火葬，反而引发了一系列始料不及的社会问题。麻山地区受环境所限，没有规范的火葬场所，实行火葬，得将尸体长途运到中心城市，不仅浪费资财，而且，尸体处理很难及时而招致家属的反感，火葬后的骨灰怎么处理又成了新的问题。送进山洞违反了当地苗族的传统，在平地修筑墓地又要占用土地，这种两难的处境，各级行政官员都感到左右为难。最终只能套用汉族地区的方式，让当地苗族修筑连片的墓区安葬骨灰。事情是做了，但与他们开始时的宣传相左，当地乡民仍然感到没有办完丧事，变通的处置办法则是将死者的姓名和生辰八字写在木板上，装在木盒中，做一次"解簸箕"[①]仪式后送入本家族安葬死者的山洞中去。至此，当地苗族乡民才感到丧事办完了。但安葬骨灰的坟墓却作为遗留问题搁置下来，下一步该如何处理，谁也拿不出个万全的主张来。鉴于移风易俗的执行结果出乎意料，因而，相当一部分行政干部对当地苗族的葬习都只能采取尽量回避的做法，默许当地乡民按他们希望的办法去完成丧礼。致使今天在这一地区，有的实行火葬，有的继续实行洞葬，有的实行二次葬，个别边远村寨还继续实行树葬，若从尊重他们的人观和生态观的角度着眼，作者认为，当地的传统葬习完全没有改变的必要。在这个问题上，给予当地苗族更多的尊重和宽容，不仅对他们，对整个国家也是有利的。

由于麻山地区地表起伏太大，植物都是沿等高线垂直分布，因而，当地的原生物种素来以多样化水平高而著称。事实上，每一个峰丛洼地都可以视为一个相对封闭的物种基因库缩版。当地苗族的传统生态知识，集中表现为对生物资源的多样化、多层次、多方式的利用，具体内容涉及传统生态知识的传承与创新，将留在下文详加分析。这里仅展示当地苗族利用野生动植物资源的一般性特点。

麻山地区表面上环境恶劣，但在今天却是贵州省境内保留野生动植物物种最多的地区之一。例如，这里还有野生的猴群和熊群，[②]还有三种不同的

① 中国人民政治协商会议紫云苗族布依族自治县民族宗教文史海外联谊委员会：《紫云民族风情》（文史资料　第二辑），1999 年，第 30-31 页。
② 沈仕卫：《人猴争粮：紫云生态重建中的新课题》，《贵州日报》，2004 年 8 月 13 日。

松鼠种群在正常延续（竹鼬在几年前还可以在市场上买到）。乡民告诉我们他们还经常碰见鹿科动物（麂子和麝）。尽管目前政策严禁狩猎，但个别乡民家中仍然保存有猎具，对狩猎的特种知识也不陌生，能通过受损的植物残株准确地判断是哪一种动物取食过。从中不难看出，他们对当地野生动物的认识和理解程度之深。

当地的野生植物利用办法也具有特异性。值得一提的有如下几个方面：第一，将笔管木枝叶代替蓝靛草作为蓝色染料使用，而且，至今还在沿用之中。对此，作者感到有些惊异，打郎村海拔高度超过 600 米，纬度也超过 25 度，只能在热带丛林生长的笔管木在这儿能够较多地发现，并加以广泛运用，确实有点超乎寻常。另一类在当地广泛利用的植物是棕榈科植物。宗地一带至今尚生息着多种棕榈科植物，其中最特异的是藤本棕榈。这是当地苗族做手杖用的材料，大多数棕榈科植物都是割棕皮制作绳索，20 世纪 80 年代以前，棕片是当地大宗输出的产品之一，棕榈叶则是编织用材料。意外之处在于，作者在调查中没有发现当地苗族食用棕榈花球，这在云南傈僳族中极为普遍。这里的苗族不食用棕榈花球，到底是习俗流变的结果，还是从未食用过，还需做进一步的查证。近年来，由于塑料绳索充斥市场，棕片市场售价锐减，这里虽然适合于棕榈生长，但大多数棕榈已经被砍伐，改种玉米。在用材树种中，较为普遍地使用构树是一个例外。其他地区的苗族居民很少用构树制作家具，特别是制作棺木，而麻山苗族悬棺葬和崖葬的棺木，有相当大一部分是取材于大型构树。从棺木用料的宽度和厚度推测，这些构树在砍伐时，直径都在 80 厘米到 1.2 米之间。这在全国范围内都可以算作少见的实例。在峰丛洼地底部，还有连片的野生芭蕉林存在。当地苗族对芭蕉的使用包括两个方面，一是用它的子实提取淀粉使用，一是用它的植株析离纤维，制作绳索。芭蕉叶则是包裹熟食的用料，在祭祀活动中经常使用，特别是用来包裹小米粽粑，据说可以储存 30 天不变质。

调查中发现，麻山当地尚保留着大量的古树，这些古树的直径都超过 1.5 米，是因为乡民把它们当做神树而保存至今的。此外，供粮食作物脱粒用的"粑槽"，由壳斗科的栗木制成，直径超过 1.2 米。这些物证表明，早年这里的峰丛洼地的低位坡面，必然生长着极为茂密繁茂的原生丛林，参天大树随处可见。绝不是今天的光山凸岭。由此可以推知，早年当地苗族对野生植物的采集和利用，应当是以采收地下块茎为主，如芋头、魔芋、百合、蕨根等。目前，除蕨根是野生的外，芋头、魔芋在当地都转化为半驯化种植状态。另一种具有特色的采集对象，则是采收各种昆虫食用。调查中，乡民们最熟悉的是竹蛆、蝗虫、天牛的幼虫、蝉的幼虫。采食蝉的幼虫具有特殊意义，是在烧畲时清除思茅肉质根的副产品。收集到的蝉蛹往往由母亲用竹签穿成串在火上烤熟，带回家作为婴幼儿的营养食品。和乡民交谈发现，他们最热衷的活动是采收马蜂蛹供食用。采收操作大致如下：通过日常观察，在马蜂经常出现的地点守候，用竹签穿上昆虫或肉片作为诱饵，乘马蜂集中注意力采食的机会，将一头系有白色皮纸或塑料的细绳套系在马蜂的腰部，当马蜂采食完毕返回蜂窝的时候，以白纸条为标记进行跟踪，找到马蜂的巢穴所在地，并细心地观察周围景物，安排好躲避的位置，查明蜂巢的所有出入口，到了晚上，几个采蜂人都要准备好蓑衣保护，避免被马蜂蜇伤，先用火炬熏烤，让成年老蜂逃散，再将整个蜂巢摘下用背篼背回。所获蜂巢最大的可达三十余斤，小的也有十余斤。回家后将蜂巢剖开，抖出蜂蛹油煎后食用。不仅当地苗族食用蜂蛹，而且在紫云县城和乡镇集市都有出售，是这一地区的传统美味食品。此外，当地苗族不仅自己采收蜂蛹，还可以对马蜂、花脚蜂实行半驯化饲养，办法是将采集到的蜂巢割下一半食用，另外一半悬挂在村寨附近的树上，等蜂群扩大后，再相继采食。只有地雷蜂不好饲养，只能现采现食。总的来说，当地苗族采食蜂蛹的相关知识极为丰富完备，据粗略估计，当地可供采食的蜂蛹有十多种，能够半驯养的都有六七种。但驯养马蜂与驯养蜜蜂有矛盾，因为马蜂经常盗食蜂蜜，因而，养蜂多的村寨，一般都不驯养马蜂。

　　另外，在麻山苗族的传统节日习俗中，也能够找到他们在传统知识建构中对于所处自然环境中最缺乏的水和最普遍的石头的有趣使用。"操麻山次方言的打郎、妹场、宗地、红岩等乡的苗族，每年选择在农历腊月二十三至三十日期间的狗（戌）日或龙（辰）日过年，自称过'苗年'或过'冬年'，过年的头一天晚上，也作为除夕之夜。这天晚上，每家都用称称一小桶水放在门外，新年清早复称，视其重量变化来预示新年雨水的多少。重量轻了来年雨水少，重了来年雨水多，不变则雨水与上年相同。也是这个除夕晚上，每家小孩用绳子拴一小块石头和准备一把染饭叶放在寨子边，并用红纸把各家大门封好，新年凌晨鸡一叫就鸣枪放炮，打开大门，说一通吉祥的话，然后把昨晚准备好的那块小石头拉来拴在牲畜圈内，把染饭叶带进家，表示这是祖宗送来的牲畜和粮食。过年的这天晚上，每家堂屋中间摆一张桌子，桌子上摆着供奉祖宗的祭品，还有新衣裤、头帕及鞋袜等。祭祀时，叫到一个祖宗的名字打一次卦，阳卦为上吉，意为祖宗高兴；阴卦则为不吉，祖宗不高兴，重新检查祭品，如少了什么，补上再打卦。祭毕，用苦竹签将成片的猪肉穿成串挂着，待以后由老人炒着吃。

祭品除粑粑外，其余全部倒了喂猪。"①

综上所述，麻山苗族传统文化的不少特异性，都来自对当地特殊自然生态环境的适应，而且这样的适应又往往与苗族文化的共性特征相互渗透融合，成为一个整体，当地苗族的传统生态知识正是在这样的特异性中，与麻山脆弱生态环境高度适应。

---

① 紫云苗族布依族自治县县志编纂委员会：《紫云苗族布依族自治县县志》，贵州人民出版社 1991 年版，第 72 页。

第四章　麻山当代发展进程中传统知识的缺失

"西南岩溶少数民族的传统生态文化类型和生态文化模式是建立在一定的生产力水平和一定的经济活动规模下的，在这种生产力水平和经济活动规模下，人类物质生产活动与自然生态环境之间维持着一种低水平、低层次的脆弱平衡，一旦生产力发展水平和经济活动规模超过了这种层次和水平，这种脆弱的平衡状态必然要被打破，生态危机的出现自然也就难以避免。少数民族的传统自然生态观必须在继承其中所包含的科学性、合理性因素的基础上，实现向现代的科学的自然生态观的转换，使新时期的少数民族生态文化真正建立在现代科学的基础上。"[①]而在这个转换的过程中，一旦传统知识被忽视，就会大大制约少数民族的发展进程。

新中国成立以来，麻山地区和全国其他地区一起，经历了"社会主义改造""农业合作化"等历次政治、社会运动的洗礼。20 世纪 70 年代末，以家庭联产承包责任制为主要内容的一系列农村改革，促进了农村经济的全面发展。20 世纪 80 年代中期以来，按照党中央、国务院的部署，贵州省有组织、有计划、大规模地开展了扶贫工作，采取了许多政策和措施，成立了专门的扶贫机构，大幅度地增加扶贫投入，组织党政机关定点挂钩扶贫、科技扶贫、社会扶贫、智力支边，实施温饱工程、以工代赈工程，还制定了一系列帮助贫困地区休养生息的优惠政策。然而，自 20 世纪 90 年代初麻山地区成为全国有名的国家重点扶贫地区以来，麻山也日益成为贫穷、落后的代名词，麻山的传统文化日益被掩盖在贫穷、落后的外衣之下。各种各样的扶贫手段和机制都能够在麻山地区找到踪影，政府以及外界都对麻山的贫困投入了大量人力、物力和精力，但这种状况使得人们普遍产生了一种急切情绪，即希望麻山人民能够和其他地区的人民一样过上"幸

---

① 李阳兵、王世杰、容丽等：《西南岩溶山区生态危机与反贫困的可持续发展文化反思》，《地理科学》，2004（2），第 159 页。

福"的生活，能够绿树成荫，阡陌纵横。然而，这种良好的愿望和努力，执行起来却步履维艰，政府陷入发展经济还是保留所谓"落后"文化、发展旅游的两难境地，生态移民的效果也不尽如人意，一些民众情愿搬回山洞居住也不愿意住在政府实施"生态移民"为他们修建的平房里。传统的耕作方式在退耕还林、坡改梯等大型农业措施的挤压下，失去了生存的基础。政府片面注重经济发展，因而无暇顾及麻山苗族的传统文化。在忽视麻山苗族传统知识的合理价值和内核的前提下，麻山苗族传统文化急剧流失，相关政策措施的实施效果也打了折扣，与之相伴随的，是生态环境的急剧恶化，石漠化面积的扩展、蔓延。进入 21 世纪以来，在建设生态文明，创建新农村的政策指导下，又开始了新一轮的石漠化综合治理工程。可以说，对于麻山脆弱地区的建设思路经历了一个以经济建设为中心，到关注生态建设的转变。

第一节　扶贫开发中传统知识的缺失

生态脆弱地区往往是与贫困相伴的。麻山也不例外，麻山地区是贵州省少数民族贫困人口集中、贫困程度深、稳定解决温饱难度大的典型地区，是贵州省扶贫攻坚和生态建设的主战场之一。

1994 年 8 月，在深入调查研究的基础上，中共贵州省委和省人民政府认真听取贵州省民族事务委员会、贵州省政协民族宗教工妇青委员会和部分在黔全国政协委员的建议，贵州省委、省政府于 1994 年 8 月向全省发出了《关于加快麻山、瑶山地区扶贫开发的通知》，决定建立麻山、瑶山地区扶贫开发试验区，对民族自治地方扶贫开发的难点地区采取特殊政策和措施，对"两山"扶贫开发采取特殊政策和措施，开展定点、挂钩、全方位的综合配套扶持。具体政策如下：一是从 1994 年到 2000 年，每年从专项扶贫贷款中划出 700 万元（1997 年增为 1 400 万元），直接安排到"两山"地区的 26 个乡镇（麻山镇后来恢复为麻山乡、纳夜镇）；二是从 1994 年起，连续 5 年，每年从以工代赈资金中安排 500 万元，用于"两山"26 个乡镇农田基本建设、人畜饮水和修建乡村公路；三是为加强对"两山"扶贫开发工作的领导，成立"两山"扶贫开发试验区领导小组，由省委、省政府领导同志任组长、副组长，并分别在"两山"片区的 7 个县建立联系点；四是由省计委、经委、民委、教委、科委、农经委、财政厅牵头，组织省级有关厅局，分别在一个县帮扶一个乡镇，其余乡镇由所在地、州和所在县有关部门实行定点帮扶；五是在望谟、罗甸、长顺、紫云等县实施世界银行缓解中国西南贫困地区扶贫项目，向麻山地区所辖乡镇倾斜，把项目覆盖到极贫村、组和农户；六是省直各有关部门结合自己的业务工作，制订对"两山"地区的扶贫攻坚计划，并发挥各自的资金、技术优势，在项目安排上尽可能向"两山"地区倾斜，加大投入力度；七是在"两山"地区工作任职满6年（两届）以上的乡镇党政一把手，工作成绩突出的，经地、州组织人事部门考核，地、州党委批准，可享受副县级待遇，对政绩突出的副职和其他干部，给予表彰和奖励；八是继续动员社会各界支持"两山"地区的开发，帮助开发智力、培训人才、开发资源、兴办企业。与此同时，持续开展向"两山"送温暖献爱心活动。自此，正式拉开了"两山"地区扶贫攻坚的序幕。

新中国成立前，由于地表水源缺乏，不少地区人畜饮水十分困难，在民间流传着这样一首歌谣：

前冲后凶数百湾，
只见簸箕大个天，
行程百里无溪水，
汗流浃背口又干。

此歌毫不夸张地反映了人民群众缺水的苦况。至于农田灌溉，据《紫云县社会调查》记载，民国29年（1940年），除飞池河沿岸架有农民土制的七十二架水车外，全县无一水利设施。[①]

紫云县东南的岩溶石山地区，由于山高水深，地表水贫乏，人畜饮水问题长期未能解决。田野调查点宗地乡打郎村就是其中的一个典型例子，由于没有地表径流，也不能打井取水，村民只能靠天吃水。只能想办法在平房的屋顶，房前屋后能够蓄水的地方想方法蓄积雨水，但是依靠这种方法只能在雨季的两三个月能够有水。平时还得去30公里以外的鼠场河挑水，或者是去与罗甸县交界的格望河挑水吃，一天只能挑"一挑"水，这样就不得不安排一个劳动力专门负责挑水，日子非常艰难。当地还流传着一个人在挑水回家的路上，因为碰上了牛群，水被牛群一抢而空，懊恼万分的故事，其间的辛酸可想而知。

为了解决人畜饮水问题，在历年兴修水利中，政府着重对边远缺水地区投入资金，以加速人畜饮水建设工程。20世纪80年代以后，人畜饮水问题仍然困扰紫云的发展。为此，1984年3月，县政府成立人畜饮水领导小组，

① 紫云苗族布依族自治县概况编写组：《紫云苗族布依族自治县概况》，贵州民族出版社1985年版，第97页。

申报专项资金。1984 年 5 月，贵州省水利厅派人到紫云麻山地区 16 个乡镇进行调研。省、地、县三级共同会审设计白云、白石岩片区人畜饮水工程。1987 年，国家水利部农水司工程师亲临紫云，到白云、白石岩、宗地、打郎等地对人畜饮水工程进行调研指导。当年 8 月，成立三岔河水库库区水土流失综合治理工程指挥部，9 月成立大营、宗地片区人畜饮水工程指挥部。1995 年全县新解决 5 100 人、3 600 头（匹）畜饮水问题。1998 年，"三小"工程、"渴望"工程，共解决 2.07 万人、1.1 万头（匹）畜饮水问题。2000 年，建设完工工程点 123 处，解决 151 万人、1.07 万头（匹）畜饮水问题。2001 年，包括"渴望"工程和麻山人饮（以工代赈）工程，共解决 2.4 万人、1.5 万头（匹）畜饮水困难问题。其中"渴望"工程涉及全县 1 个乡镇 76 处，1.46 万人和 1.5 万头牲畜;水塘镇人饮工程涉及羊场、格井、沙坝、坝寨、塘房、银山 6 个村 15 处，解决 1 400 人、683 头（匹）畜饮水问题。2003 年，涉及全县 12 个乡镇，共有工程 70 处，47 个村，70 个组，解决 10 989 人、6 209 头（匹）畜饮水问题。2004 年，共解决 13 989 人，3 417 头（匹）畜饮水问题。据不完全统计，从 1986 年至 2004 年，国家在紫云共投入人畜饮水资金 1 718.93 万元，全县近 15 万人、6 万多头畜受益。[①]

1993 年麻山片区宗地乡"七五"期间解决 13 730 人、4 090 头（匹）畜饮水困难问题，共实施各类饮水工程 199 处。2001 年，麻山人饮工程涉及宗地、大营、四大寨和松山四乡镇 1 个村，53 个组，解决 4 000 人、2 878 头（匹）畜。2002 年，麻山片区农村人畜饮水涉及松山镇、猫营镇、水塘镇、自石岩乡、大营乡、四大寨乡、宗地乡共 20 个村 39 个组，解决 3 000 人、1 400 头（匹）畜饮水困难问题。二期"渴望"工程涉及松山镇、猫营镇、四大寨乡、大营乡、宗地乡、坝羊乡共 41 处，解决 7 336 人、2 951 头（匹）畜饮水问题。农村人口"解困"工程涉及松山镇、猴场镇、宗地乡 13 个村，37 个组，完成工程点 36 处，解决 3 751 人、1 368 头（匹）畜饮水问题。

让人欣喜的是，打郎村缺水的面貌也在小水窖工程的建设下得到了大大的改观。截止到 2007 年 8 月，全村 172 户，820 人，已经建起了小水池 98 个，大水池 8 个，仅有打毫组的 38 户居民的饮水问题没有解决，基本解决了打郎村的人畜饮水问题。[②]目前存在的问题，除了水窖的选址多数由农民自行确定，需要更多的专家提供智力支持以外，如何保证饮用水的安全问题值

---

① 紫云苗族布依族自治县县志编纂委员会:《紫云苗族布依族自治县县志》,贵州人民出版社 1991 年版，第 147 页。
② 作者 2007 年 8 月 15 日访谈笔记。

得引起重视。由于有的小水池没有加盖，也没有采取过专门的消毒措施，有的水池的水体常年都是浑浊的黄绿色，上面还漂浮着藻类、树叶、草屑、摇蚊幼虫等杂物，水质情况很让人忧虑。而且，由于岩溶峰丛洼地地区供水的分散性，即使水质污染出现疫情，也很难被及时发现。可喜的是，贵州省水利厅在"十一五"期间，将实施"三小工程"为主要内容的雨水集蓄利用"益民工程"，实施农村饮水安全工程，大力进行水土保持建设，进行生态与环境修复。力争在以下方面取得突破：在解决群众生产生活用水，饮水安全上取得突破，修建小山塘、小水池、小水窖；在确保粮食生产安全上实现突破；在解决"三农"问题上实现突破；在确保生态立省、搞好环境与生态用水上实现突破。

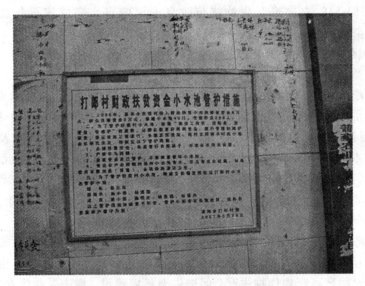

图 4.1　打郎村财政扶贫资金小水池管护措施

除了解决饮用水的困难外，从 20 世纪 80 年代始，自治县对种植业抓了几项重大的基础设施建设，希望增加粮食生产。

（1）土壤普查。从 1981 年 3 月起，组织了四个土壤普查组奔赴当时全县 37 个公社和县甘桥农场，实地普查勾绘综合图斑。作业面积 2 272.25 平方公里，完成土种面 1 557 个，验收分析土样 567 件，全县上图斑 17 409 个，平均每平方公里 7.74 个，每个图斑面积 193.8 亩，其中水稻图斑 2 078 个，旱地土图斑 8 242 个，石质土地和村寨等其他图斑 2 271 个。外业结束后，即进行资料汇总、图件编绘、写文字报告、进行理化分析，等等。制成的图件有：土壤图、土地利用现状图、土壤养分图、土壤改良图。还编绘了地质图、地势图、地貌类型图，撰写《紫云县第二次土壤普查报告》。

（2）进行农业区划。自治县 1981 年 10 月成立农业区划委员会。下设办公室，从相关单位抽调工作人员，分别设立土地土壤、种植业、水利和土壤保持、农业气候、林业、畜牧业、乡镇企业、农村经济等课题和专题组。

（3）粮援"3146 项目"。1985 年，紫云被列入"安顺等五县改造中低产田发展粮食生产"，申报世界粮食计划署粮援项目。内容为：土壤改良 22 999.5 亩，每公顷需工 1 350 个，计 270 万个工日。1988 年 7 月，成立紫云县"3146 项目"领导小组，下设办公室，参加单位有农业、林业、水利、交通和粮食，项目实施区域为猫营区和板当区。完成农业改土 5 132.1 亩，超计划数 58%。其中完成坡改梯 240 亩；旱改水 41 571 亩；平整土地 1 035 亩，累计完成土石方量 151 548 立方米。生物措施改良土壤内容：完成施石灰改良土壤10 226.9 亩，增施有机肥改良 34 515 亩，新修田间道路 27.76 公里。大大改善了项目区的农业及农民生产生活条件，提高了土地综合生产能力，项目区粮食总产量比项目实施前增产 16 537.8 吨，增加产值 1 199.71 万元。

（4）小流域综合治理生态农业项目。2000 年 8 月，由计划局牵头，组织农业、林业、水利三家共同编制《紫云自治县生态环境建设综合治理工程规划》，项目区为水塘镇的坝寨、格井、沙戈、落科、旁如 5 个行政村及宗地乡打绕村。农业部门的工程任务为：新建沼气池 300 口，投资 24 万元；节柴灶1 250 口，投资 12.5 万元；机耕道 6.67 公里，投资 13.32 万元；渍害田改良 480亩，投资 2.88 万元；生态农业项目投资 52.7 万元。农业部门的工程于 2004 年开工，当年 9 月完工。

（5）坡改梯项目。据不完全统计，截至 2004 年，全县共完成坡改梯 36 451亩，建设小水窖 3 953 个，对紫云苗族布依族自治县岩榕地貌发育山区水土保持，建设稳产高产农作物生产，促进生态环境建设，增进受益区农民致富，有前所未有的效果。[①]

紫云县自从 1986 年有计划、有组织、大规模开发式扶贫以来，至 2004年末，共走过了 18 年历程，经历了翻天覆地的变化：越过温饱线人口约 20万人，平均每年净解决 1.11 万人贫困人口的温饱问题；农民人均纯收入从1986 年的 140 元增至 1 410 元，净增 1 270 元；实现全县行政村中，通公路村 217 个，占行政村的 97.31%，通公路的自然村寨 1 479 个，占自然村（寨）数的 62%；农村自来水受益的村数 214 个，占行政村的 95.96%，基本解决饮水困难人口 15.56 万人；全县通电话的村数（包括无绳电话）212 个，占行

---

① 紫云苗族布依族自治县县志编纂委员会：《紫云苗族布依族自治县县志》，贵州人民出版社 1991 年版，第 159—161 页。

政村数的 95.07%；全县村通电率 97.2%，通电入户率 98.2%；全县通电视村 180 个，占 80.72%，电视收视覆盖率 75.58%；贫困村小学危房降至 26 所；贫困村"有室率"达 96%。

1984 年以来，经过全县人民 20 年的勤奋努力，经济体制和经济结构发生了深刻变化，尤其从 2001 年开始，紫云苗族布依族自治县经济持续快速地发展，综合经济实力显着增强。2004 年，全县国内生产总值达 55 564 万元，比 1984 年增长 11 倍，20 年间平均增长 19.70%；分阶段看，全县国内生产总值由 1984 年的 5 003 万元到 2000 年提升到了 8 971 万元，16 年间增长 1.79 倍，年平均增长了 40.79%。国民经济中的主要比例关系日趋合理，首先是产业结构发生了根本变化，三种产业协调发展。2004 年全县第一、二、三产业结构为 61.35：20.51：18.14，与 1984 年相比，第一产业比重下降了 16.52 个百分点，第二产业土升了 14.75 个百分点，第三产业上升了 17 个百分点。其次是所有制结构由单一的公有制向以公有制为主体，多种经济成分和多种经营方式共同发展，非公有制经济获得较大发展。[①]

与以往单纯救济式的"输血"扶贫不同，20 世纪 90 年代以来的扶贫开发主要从开发式扶贫、综合配套扶贫以及生态移民方面展开。坚持开发式、开放式扶贫的方针，以解决"两山"贫困群众温饱为基本任务，以改善生产生活条件为重点，千方百计打好扶贫攻坚战：相继实施"温饱工程""星火计划""科技扶贫"和"希望工程"，启动以山羊、肉牛、油桐、银杏、杜仲、猕猴桃、刺梨、魔芋 8 大项目为基础的"绿色产业工程"，省内外各个渠道投入"两山"地区扶贫资金近 2 亿元，组织种、养、加项目 300 多个。同时，许多地方都注意总结经验，因地制宜，采取"公司+基地+农户""公司+政府+农户"或"异地开发"等形式，利用扶贫资金引进社会资金搞开发，探索适合"两山"地区实际的经济发展模式。1996 年底，青岛市中汇公司经过实地考察，选择了荒山和牧草资源丰富、至今尚有 16 万贫困人口的紫云苗族布依族自治县对口帮扶。考虑到麻山苗族的牲畜养殖业历史悠久，组建了以畜牧业养殖、加工为主的紫云长征农业开发总公司，投入自有资金 360 万元向麻山腹地 25 个村 520 户贫困农民发放种羊 10 400 只，半年以后就有 1 000 多只活羊销往海南，成功地辟出"公司+政府+农户"的"长征扶贫模式"。其特点是"无偿启动，有偿发展"，采取"公司发包，政府发动，农户饲养，公司包销，利润分成"的方式，使公司、政府、农户形成一个利益共同体。公司无偿承包给每个贫困户 20 只种羊，并负责技术培训和羊病防治，承包 3 年，农户第一

---

① 紫云苗族布依族自治县县志编纂委员会：《紫云苗族布依族自治县县志》，贵州人民出版社 1991 年版，第 164 页。

年上缴公司 200 公斤活羊，第二年上缴 450 公斤活羊，第三年上缴 550 公斤活羊，公司主要靠畜产品深加工增值，在扶贫中得到发展。合同到期后，种羊和繁殖的羊只则全部归农户所有。"长征模式"给了贫困农民一个脱贫的机遇，既解决了贫困户无本启动的难题，又打消了今后卖羊难的顾虑。经过 3 年发展，就可以改变买断关系，形成新的股份利益机制，农民迈出贫困的步子就更加坚定有力。这种大规模覆盖到农户的无偿启动有偿发展的机制，有效地化解了"输血"与"造血"这对矛盾，"输"和"造"有机结合，贫困农民既是生产者又是产权拥有者，从被动转变为脱贫的主动者，它给我们的启示在于：真正把贫困户当做扶持对象，最大限度地帮助农民、让利于农民。公司把信息、资本、技术和市场组织带给农民，政府和农户为公司提供土地、劳力等资源，使公司的增量与农户的存量有机地结合，农民增加了收入，公司得到发展，政府也促成了地方支柱产业，完成扶贫攻坚计划。"长征模式"是真正的利益共同体，为对口扶贫作出了示范，对"两山"地区的扶贫开发方向产生了积极的影响。①

由单项扶贫向综合配套扶贫转变，把大部分扶贫资金用于解决贫困人口温饱问题，用于贫困农户发展种养业和农副产品加工业。在"两山"地区加大农业实用技术推广力度，重点普及杂交水稻、杂交玉米和小麦优良品种，普及水稻两段育秧和旱育稀植栽培技术，玉米营养块育苗移栽和地膜覆盖栽培技术，旱地分带轮作栽培技术以及平衡配套施肥技术，推进粮、油、烟等作物主要病害综合防治技术。举全省之力，各有关部门开展"交通扶贫""水利扶贫""电力扶贫""邮电扶贫""教育扶贫""文化扶贫"，在"两山"地区兴修公路、水利、电站、通讯等建设项目，兴办学校、图书室、文化站。同时，特色农副产品的生产和加工也出现了新的局面，宗地乡栽种紫皮大蒜4 500 亩，市场前景看好。宗地出开始这其竹编产品推向市场而努力。

在扶贫开发取得巨大成效的同时，有学者开始从经济角度分析、反思麻山地区的扶贫，当麻山的贫困状态被外界了解、披露后，国家各级政府给予了相应的重视，作出了反应：划拨扶贫、救济专款，组织落实扶贫措施、物资，并直接送到贫困地区群众手中。钱花掉了，人力、物力消耗了，却并未提高这些地区人民的生活水平。当地有的群众非但不感激，反而采取了一些不合作、甚至抵制的行为。比如：送去的改善农作物品种的种子被吃掉；帮助他们发展牧副业的羊群被宰杀分光；为改善灌溉条件修建的水渠被废弃不

① 张北平：《麻山、瑶山扶贫开发：经验与问题》，《贵州民族研究》，1998（2），第146-154 页。西奥多·W. 舒尔茨：《改造传统农业》，梁小民译，商务印书馆 2007 年版，第 27 页。

用，造好的房屋被拒绝居住而宁愿住在祖辈生活的山洞里。凡此种种，令人痛心疾首，百思不得其解：他们生活上有困难，为什么不思改善？美国著名经济学家，诺贝尔奖金获得者舒尔茨教授在其代表作《改造传统农业》(1964)中的分析有助于我们对这种均衡的认识和理解。

　　舒尔茨教授描述了这种状态，并指出，这是一种特殊的均衡。与依赖于分工交换的市场经济中的均衡不同，它不是通过竞争达到的。这种均衡，是在封闭的状态下，通过长期的调整达到的，调整依赖于代代相传的经验，完全没有与外界的信息交流。这种均衡一旦形成，则农业生产技术可以在长期内保持不变，要素供给是世代遗传下来的，成为既定的、已知的知识。除了不可预测的天灾人祸之外，要素使用中基本不存在不确定性，只需年复一年地重复老一套方法。如果祖上是刀耕火种，则世世代代如此往复；如果相传的是广种薄收的粗放耕作，则后辈也找不到一种新的知识来改变它。在传统耕作方式下，增加某种要素投入，将使边际收益下降。当边际收益为零时，便不会有净储蓄（或净投资）产生。因而，不论是劳动力的增加，还是土地、其他要素的投入增加，只要技术水平不变，最终都将回到边际收益为零的均衡位置。这使得对要素的边际偏好长期稳定、保持不变，并且，农民们将消耗掉全部净产生。这就意味着这种均衡一旦形成，便是长期的、稳定的。

　　不仅如此，舒尔茨教授还指出，这种均衡是有效率的。由于调整过程是长期的，往往要经过几代人的尝试，因而，舒尔茨教授假定，在既定的要素禀赋下，若还存在可增加收益的调整方式，一定会被发现，并进行调整。通过几代人的反复配置，农民们在选择栽培品种、种植时间、次数、所利用的工具、畜力等方面，已经充分比较过调整中要素的边际成本和边际收益，并选择了总收益最大的方式，作为知识传授给下一代。也就是说，在技术水平不变的条件下，已找不到一种方式使调整中没有人受损而同时使总收益增加。因而，舒尔茨教授认为，这种封闭式的均衡具有帕累托效率。这里的效率只是表明，在给定资源约束条件下，人们已尽了最大努力，达到了最优配置。如果不改变资源约束条件而强行调整，其结果只会比已有状况更糟。

　　任何希望以外力改变贫困状态的努力方向与被关注的当事人目标一致，这时双方有可能产生合作，当两方面的感受差异极大，找不到共同点时，双方不可能合作，任何希望以外力改变贫困状态的努力都将事倍功半，甚至完全无用。一个人无论出于多么好的动机，尚若要用自己的效用函数去度量与其生活背景完全不相同的人，并对他人实施一厢情愿的改造，则他的努力往往往会由于对方的抵制而失败。美国人对印第安土著居民的改造就是这方面的一个例子。我们对麻山、瑶山的一些扶贫措施的失败，也与此类似。我们认为那里的人们需要更丰富的农作物品种，给他们送去了羊群、桑蚕、土豆；我们认为他们需要与外界沟通，给他们修建了公路；我们认为他们需要更好的居住条件，就给他们修建了房屋。但是，村民们却长期不愿意搬迁①，并且认为"党和政府对我们这些住在山洞里的苗族农民非常关心，为我们拨出专款在洞外修建房屋，一直都在帮助我们安居乐业、发展生产。只可惜我们的一些承办修建房屋的部门和领导，只图完成任务方便向上交差，就在洞口外面几步路（不足 50 米）的包谷地里把房子随便地搭建起来了，这些修建的房屋不仅大量占去了我们有限的土地，而且修建起来的房子没有经过村民参与讨论设计，问题太多，我们无法搬进去住。这些新建房屋存在问题，如楼板太薄，下雨时浸水；全屋只有两个开在前面的窗子，而且小，不透风，夏天住在里面闷热得很。再加上这些新建房屋在设计时没有预留修建厨房的空间，我们岩山地区的人吃的都是苞谷饭，需要用大灶烧火甑饭，没有地方烧火，若烧在家里，烟雾根本就散不出去。""他们帮我们修建的这些房屋每户只有三间房，若拿一屋做厨房，拿一屋存放粮食，那么只有一屋睡觉，一家人该如何安排啊？""既然上级政府拨有专款帮助我们移民，我们的地方领导和职能部门应当出面协调，找出一个比较宽一点且能够发展生产的地方去修建房屋，现在他们新选定的这个居住地依然没有走出岩山，仍然是原来这个自然条件恶劣的山区，不仅环境没有改变，而且这个新的居住点四周无遮拦，全天晒太阳，屋顶薄，没有隔热板，加之房屋小、窄，住里面热得很。""这些新建的房屋是几个没有，我们很难住进去：一是新建的房屋没有设计屋檐，在我们山里主要是烧柴火，需要把木柴存放在屋檐下晾干，下雨淋不着；二是没有猪圈和牛圈，在岩山修建一个地方喂养牲口，成本太大，我们又没有钱；三是房屋的建筑没有进行合理的设计，我们苗族在修建房屋时都要考虑在楼上建一个通风的竹楼，这样才方便将包谷存放好并晾干，没有这个竹楼，就意味我们一旦住进去后吃的包谷没有地方晾干，自然要遭霉烂。另外，房屋设计要是有了竹楼，从山上打来的猪草，只要往竹楼上一倒，就可以自然晾干，这样即使到了冬天，山上没有草，也可以用这些晾干的草垛碎煮熟来喂牲口。特别是春天拔下多余的包谷苗，晾干了，冬天就可以直接煮来喂牲口。"②总之，我们做了大量自认为是有助于改变他们贫困状态的工作，效果

---

① 李寅：《穴居苗寨，为何走不出山洞？》，《中国民族报》，第 528 期 1 版。
② 贵州省民族研究学会、贵州省民族研究所：《贵州民族调查卷十一·麻山调查专辑》（内部编印），1993 年 12 月。

却不尽如人意，结果是："能吃的很快被吃完了，不习惯的被废弃了。"[1]效果大大地打了折扣。

其实建构梯土的扶贫办法就没有考虑到麻山苗族的传统知识。前面已经提及，当地苗族的传统耕作习惯是以"铁铸伐土，耰而不耘"。他们执行这样的耕作技术，完全是立足于当地石多地少的特殊地理环境，是看土下种，而不是普遍翻土后下种。千百年来，他们并没有作过开辟连片土地的努力。这不是他们不聪明，更不是他们懒惰，而是他们采取了代价最小的明智选择。既然石缝中原先就有土，苗族乡民已能利用这样的零星土壤，又何须不惜工本掏土建构梯土呢？说到底，这是一种不适宜的技术观在作怪，习惯性认为不成片就不配称为农田。然而，在麻山这样的地区，恰好不需要土地连片。因为在这里，土石比例反差太大，没有多余的土供填平地块使用。就石缝中的残土种植，恰好是成本最低化的明智技术决策。

相关部门也开始总结、回顾关于扶贫开发的经验和教训，从农业、林业、畜牧业等各个方面探寻今后的努力方向，也意识到要充分发挥农民的主体作用。比如，提出了坡改梯建设应该逐步实现由"国家引导、地方组织、农民参与"向"农民申报、地方规划、国家补助"的转变，有效实行项目化管理。要加强统筹协调，本着"渠道不乱，任务不变，各记其功"的原则，把坡改梯与其他农业工程结合起来，争取农口有关资金的捆绑使用，加大投入力度。要鼓励社会力量和个人参与工程配套建设或承包、领办有关的项目实施。[2]

第二节　生态建设中传统知识的缺失

随着对岩溶脆弱生态地区扶贫开发的深化，各界人士对贵州石漠化省情的认识更加深刻：位于全球最集中连片的岩溶分布区，岩溶区面积达 12.96 万平方公里，石漠化面积涉及 74 个县市，面积达 3.25 万平方公里，是西南 8 省最严重的地区。石漠化是一个沉重而又绕不开的话题，几乎可以说是贵州贫困的根源。在国家的大力支持下，贵州省的石漠化治理工作全面启动，由贵州省发改委牵头，相关部门协同攻关制定了《贵州省石山地区石漠化综合治理规划》，并经省政府批准实施，计划用 45 年时间，完成石漠化综合防

---

① 石路明：《打破贫困的均衡：改变需求》，《贵州财经学院学报》，1995（3），第21-24页。
② 潘新：《着眼于增强农业结构调整的支撑力——进一步搞好我省坡改梯建设的思考》，《农村经济》，第12页。

治面积 333.45 万公顷，综合治理面积 367.72 公顷，使森林覆盖率从现在的 34.9%上升到 50%，以达到生物多样性及生态稳定平衡，全省石漠化得到有效遏制，"两江"上游生态安全得到有效保障，东部与西部、城市与农村之间的差距缩小，生态、社会、经济协调共进，良性循环，实现山川秀美的目标。共计划投入资金 760.29 亿元，其中包括：生态修复工程、水利水保与基本农田建设工程、喀斯特水资源开发利用工程、农村能源建设工程、生态移民工程。

在这样的政策和社会背景下，麻山地区从封山育林、生态移民、石漠化综合治理等方面开始下大力气集中进行生态建设。

一、封山育林

国家在恢复麻山地区的森林方面做了大量的工作。由于这类岩山地区裸露岩占 70%以上，土少而薄，多为岩旮旯土，母岩多为石灰岩或白云岩，土质微碱性至中性的钙质土。除了在岩窝泥土稍多的地方种植竹类、柏木、香椿、棕树等林木，对这类地区主要采取了封山育林。经过林业部门根据自治县的土壤、气候条件制定规划，按区划的区域特点，加大封山育林力度，把封育山林作为培育森林的重要手段之一，并严格按照科学规程进行管理。

按照中共中央、国务院《关于加快林业发展的决定》，国家开始实施天然林保护和退耕还林等一系列生态保护措施。珠江防护林体系工程建设造林，紫云县从 1999 年开始实施，2001 年完成任务，共造林 18.07 万亩，超任务 1.6%；退耕还林造林，该工程从 2002 年实施，到 2004 年已经实现成林 191 500 亩，累计投资 957.5 万元，所有工程率均达 100%。紫云被评为"贵州省全民义务植树造林先进单位"。到 2005 年，紫云县封山育林面积已增至 183 429 亩。

封山育林的成效可以从以下种植面积与林地面积的比较中看出来，比如，宗地竹林村，全村有种植面积 1 011 亩，封山育林林地 3 920 亩；牛角村，全村有种植面积 974 亩，封山育林林地 7 455 亩；打郎村，全村有种植面积 841 亩，封山育林林地 5 580 亩；打毫村，全村有种植面积 1 573 亩，封山育林林地 10 243 亩。政府花了大力气进行生态建设，紫云县近 5 年来森林覆盖率每年以近 2 个百分点的速度增长，2001 年时野生猕猴不到 200 只，现在已经达到 500 多只。除了猴子，还出现了黑熊、穿山甲等国家一级重点保护动物。

让人意想不到的是，出现了"人猴争粮"这样的生态重建新课题。①"猴子掰包谷"的典故众人皆知，它们是掰一个丢一个，刚进入灌浆期的包谷经猴子这么一掰，整片包谷地就毁了。据估算，一只猴子只要进入包谷地，两个小时就能毁掉500公斤包谷棒子。据了解，玉米从灌浆期到收割期，最少需40天时间，在这40天里只要稍有疏忽，猴子就会钻"空子"，让村民们前功尽弃。根据报道，从2004年7月下旬以来，紫云县大坪村和抵桶村的村民们每天寸步不离庄稼地，大坪村每家抽出一个壮劳动力，组成了几十人的队伍，分散驻守在地里，一发现"敌情"就全体出动轰、吼、撵，让猴子无立足之地。"可是这样做很窝工，而且要守一个多月，每家一天要白白浪费掉一个人工，付出的代价太大啦!"村民们说。格凸河景区涉及格崩和旁入两个村几百户人家几千亩包谷地，近5年来，村民每年投入看管庄稼的时间和精力已无法计算，用大河苗寨一位王姓村民的话说，"我们吃的饭都是从猴子的嘴里夺过来的""'人猴争粮'的事在我们县很普遍"。县委宣传部长说："格凸河景区的这一矛盾更为突出。"据县委宣传部办公室主任介绍，2003年年初县里开人代会，很多人大代表反映水塘镇格凸河景区一带200多只猴子已经成为一大"公害"，而且其数量越来越多，对当地农民构成的威胁越来越大，导致景区内的村民们产生了放弃种庄稼的念头。县长杨玲向人大代表作出答复：村民们无论如何也不能放弃种包谷，就算专门种给猴子吃也要种下去。村民们受的损失请村干部作好统计提交县里，由民政部门纳入救灾对象考虑。2004年3月以来，紫云自治县作出决定，由县旅游局每月投入600元现金请农民买粮食专门喂养格凸河景区的猴子，让这200多只猴子吃上了"皇粮"。但效果不是很好，因为猴子怕生人，不好引导，它们还是要去掰当地农民的包谷。

格凸河景区的农民遭遇"猴灾"，每年政府均要拿出不少资金补偿农民，而其他地方的农民就没这么幸运了。紫云县贫困的宗地、大云、板当、白色岩等乡镇也常年受到猴子骚扰，但这些地方的农民只能眼巴巴地让猴子夺走他们的口粮。宗地乡戈岜村流传着一句顺口溜："十冬腊月挑远水，五黄六月追老猴。"这个村里，猴子的肆虐让村民们更为头疼。面对一个又一个村反映上来的"人猴争粮"情况，各个乡里也很为难。由于乡里对野生动物保护的宣传从来就没放松过，村民们都知道伤害猴子是犯法的事。可村民们为猴子泛滥烦恼，乡里也拿不出什么办法来补偿村民，只能把受到的损失作统计，然后上报民政部门请求以救灾的形式给予村民适当补贴。当地领导说："近几

---

① 沈仕卫：《人猴争粮：紫云生态重建中的新课题》，《贵州日报》，2004年8月13日。

年，随着国家退耕还林政策的落实以及全县各地加强封山育林，石漠化较为严重的紫云生态治理取得了喜人的成绩，这是值得骄傲的事。生态改善，野生动物随之增加，却又使农民的庄稼受到威胁，成了农民的一块心病，也是全县较为尴尬的事。"①根据相关规定，国家野生动物保护区的农民是享受国家补贴的，而紫云不是国家野生动物保护区，自然没有这笔固定的补偿，本就为一日三餐发愁的农民再遇到猴害，无异于雪上加霜。

除了野生动物的重新出现给村民们带来的骚扰外，封山育林地的日常管理和维护也是一个大问题。在宗地乡调查期间，我们获知乡政府林业站为了加强对于封山育林山林的管理，招收了一批护林员，一个护林员管两到三个村，但是，由于路途遥远，交通不便，有的村组甚至一年都见不到护林员一次。当地村民为维护日常生活都需要到山上去找柴火，而且找柴占据了他们日常劳作不少的时间，这可以从他们的农事日历中看出来。他们一般是到林子里找一些小的树木或者树枝，还是比较注意维护，但是这种状况也给其他人带来了可乘之机，比如邻近的罗甸县的一部分群众就经常偷偷地到牛角村来偷砍柴火。为了争柴，不同的村组之间甚至会发生群体性的打架斗殴事件。

虽然退耕还林涉及千家万户的农民群众，然而，由于岩溶脆弱生态环境的特殊性，任何林种强调集中连片或造林目的单一化，都达不到石山造林绿化的预期效果，而在退耕地里种什么的问题仍然是设计专家和当地有关部门官员说了算。②较少或未切实做到充分征求退耕户的意见，故大多数当地老百姓因未能参与决策管理当地事务而认为生态建设和资源管理是政府部门的事，自己只是个打工者——被雇佣身份。于是，"抱着事不关己，得多少钱办多少事"的态度，甚至出现逆反心理——认为当地资源被掠夺或转移而故意损害外来者主导的项目，如做工马虎、敷衍、人畜肆意践踏等现象时有发生。③

二、生态移民

生态移民通常是指人类为缓解生态压力而进行的移民活动。20 世纪 80 年代以前，中国社会曾处于普遍贫困状态，1978 年全国绝对贫困人数有 2.5

---

① 沈仕卫：《人猴争粮：紫云生态重建中的新课题》，《贵州日报》，2004 年 8 月 13 日。
② 熊康宁：《喀斯特石漠化的遥感：GIS 典型研究：以贵州省为例》，地质出版社 2002 年版，第 131 页。
③ 潘乐明：《以社区为基础的喀斯特生态建设及自然资源管理对策》，《绿色中国》，2004（16），第 23 页。

亿人，1985 年减少到 1.25 亿；1986 年，中央政府开始把反贫困作为一项专门的工作，投入巨额资金，有计划、有组织地"扶持不发达地区经济"（"扶贫"），1983 年贫困人口减少到 8 000 万人。贫困人口分布呈现出明显的地缘性特征，主要集中分布在生态极度恶化的西南喀斯特石山区、高寒山区和西北黄土高原地区。上述地区有数百万人已丧失了基本的生存条件，处于极端贫困状态，成为生态灾民。为此，中央政府决定用移民的方式，将他们从自然条件恶劣的原居住地，迁移到自然条件相对较好地方，帮助他们摆脱贫困，同时也缓解人口对生态的压力，媒体通常把这一迁移活动称为"生态移民""扶贫移民"或"开发移民"。在此背景下，广西壮族自治区、贵州省、广东省、云南省，进行了大规模的生态移民活动。①

　　经过多年扶贫开发，"两山"地区贫困状况明显缓解。剩下的攻坚难点，主要是那些居住环境恶劣，既缺水、又缺土，不通路、不通电，基本不具备生存条件的穷乡僻壤。1995 年贵州省农民人均纯收入已超过 1 000 元，而麻山、瑶山地区人均纯收入为 188.3 元，人均占有粮食仅 183.6 公斤，处于极端贫困状态，其生存条件异常艰苦。②这些地方极贫户的特殊困难和脱贫问题，引起了从中央到地方各级领导的重视。中央领导朱镕基同志、姜春云同志、宋健同志、陈俊生同志多次深入"麻山"极贫乡村看望贫困农户，对解决好这部分群众的脱贫问题作了指示。

　　1995 年，民政部副部长阎明复到紫云苗族布依族自治县考察，针对麻山地区生存条件恶劣的特殊问题，将紫云县麻山乡镇列入贵州首批异地开发移民搬迁试点，1996 年下拨专款 117 万元，启动修建 7 个点 90 户移民新村，第一批从麻山迁出的贫困农户已于 1997 年春节前喜迁新居。1996 年 9 月，阎明复副部长再次率香港星火基金会及省外民政部门有关人士到麻山地区考察，捐款 689 万元资助罗甸、望谟、紫云开展扶贫移民搬迁，到 1997 年 6 月底，已建成移民新住房 115 幢 7 269 平方米，开垦耕地 370 多亩，搬迁农户 76 户 336 人。③

　　"据不完全统计，从 1994 年以来，贵州省共投入移民搬迁资金 7 971.45 万元。其中，以工代赈资金 3 212 万元，民政救济资金 2 439.73 万元，民委少数民族移民资金 108.5 万元，社会捐赠资金 880.24 万元，地方配套资金 497.83 万元，农户自筹资金 833.15 万元。累计移民搬迁 17 817 万户、85 237

---

① 苍铭：《南方喀斯特山地及高寒山区生态移民问题略论》，《青海民族研究》，2006（3）。
② 徐逢贤、王振中、吴瑞祥：《地区经济发展差距与未来对策选择》，《当代经济研究》，1997（3）。
③ 张北平：《麻山、瑶山扶贫开发：经验与问题》，《贵州民族研究》，1998（2），第 146-154 页。

万人。贵州省从 1986 年开始进行生态移民，到 2001 年时，一共迁移了 17 817 户，85 237 万人。"① 移民之后，缓解了原住地的生态压力，移民的生产、生活条件得到了改善，解决了温饱问题。调查点就有不少苗族群众从宗地乡的偏远村寨迁到了自然条件较好的水塘镇等处。

实践证明，对"一方水土养不活一方人"，就地开发难度大的特困地区农户，组织开展适度规模的异地移民搬迁开发是一条行之有效的途径。但也应该看到，由于有组织的移民是政府统一组织领导下的迁移行为，移民对政府和政策存在依赖心理，成功安置有较大难度。比如，因为土地已经签订了 50 年承包的合同，移民的耕地往往很难得到保障，也容易和迁入地居民发生冲突。一部分移民对象产生了等、靠、要的依赖思想。移民心理意识问卷调查揭示，在搬迁后的从业意愿上，98.7%的人选择了农业，搬迁后遇到生活困难；12.8%的人表示要回原住地，71.8%的移民强烈依赖政府。②

大规模有组织的迁移，生态和社会影响一般都要许多年后才会显现。从历史的经验看，大规模的有组织移民对迁入地生态环境会造成较大干扰。有鉴于此，"易地扶贫"的主张断断续续执行了十多年之后，真正迁出麻山地区的居民还不到总人数的十分之一。"③最典型的例子，是被媒体集中报道的紫云中洞。政府拨款给他们修建了住房，可是，他们情愿住在山洞里，也不愿意搬迁。一度被媒体称为"亚洲最后的穴居部落"，引发了深圳、上海等地的捐助热潮，在被开发为民族旅游景点之后，当地居民逐步尝到了民族旅游的甜头，更是不愿意搬迁了。不可忽视的是，移民搬迁往往会造成传统文化自信心的丧失和传统文化的迅速流失。调查点的主要报道人之一，原来的乡长杨老伯不无悲哀地告诉我们："20 世纪 80 年代末、90 年代初，妇女还穿着民族服装。戴围腰，胸前绣着花，头上一块布，是自己织的土布，有两米多长，卷起来几层。我们还自己做蓝靛来染布。我们这里的蓝靛草自己栽种的多，不是山上野生的。也可以用蓝靛木来染布，但是要用蓝靛木的嫩叶，叶子越嫩，做出来的汁就越多，颜色也越鲜艳。……麻山苗族现在是有歌没人唱，有衣没人穿。"的确，麻山苗族的文化流失现象非常严重。原来婚丧嫁娶、过节时，人们喜欢唱的苗歌，现在会唱的人越来越少了，年轻人都出去打工了，只会唱流行歌曲。

---

① 冉茂文：《移民搬迁是解决特困人口温饱问题的有效途径》，《贵州民族研究》，2001（6），第 48 页。
② 熊康宁：《喀斯特石漠化的遥感：GIS 典型研究：以贵州省为例》，地质出版社 2002 年版，第 131 页。
③ 杨庭硕：《苗族生态知识在石漠化灾变救治中的价值》，《广西民族大学学报》，2007（3），第 24-33 页。

动用移民手段救治石漠化事实上忽视了当地的传统知识。前面已经提到，麻山生态系统的脆弱环节中，峰丛洼地封闭性就是其中之一。提出"易地扶贫"的人，仅看到了人的干预会加剧石漠化这一面，却看不到人类的活动只要稍加引导，也可以转化为推动生态恢复的另一面。事实上，高度石漠化的峰丛洼地，若有人力干预，按当地传统的生态技能和技术植树种草，仅仅需要比自然恢复少得多的时间进行生态恢复。这是因为，在没有人类的干预下，已石漠化山区的恢复完全得靠自然作用，而植物种子落到适宜于生长的地点，其概率极为低下。因而，重新郁闭需要较长的时间。①而人的行为具有主观能动性，只要能识别最佳的植物立地位置，植树种草就容易成活，自然能大大地缩短生态恢复的时间。因而，大规模推行"易地扶贫"，无异于搁置人类这一能动的积极因素，放弃对石漠化灾变的救治。这显然是一种消极的决策办法。与其把人迁走，不如引导人能动地参与石漠化的救治，成效会更加显著。麻山受地理环境所限，水资源的供给不能和长江沿岸各城镇相比。麻山地区各族居民，惜水如金，惜土如金。他们生存的自然环境不具备盲目无节制地消费珍贵的水土资源的现实条件。无论科学技术再发达，由于地球表面的资源分布不均匀，不同地区的人们的生活方式永远存在着差距，不承认这种差距，就很难制定出可行的政策来。

可见，在本来人口承载力就已经不堪重负的贵州省内部进行如此众多的移民安置，需要耗费巨额的政府财政收入，涉及的文化和社会问题，也不是仅仅用资金支持就可以解决的。②因此，解决脆弱生态地区民族的生存发展问题，不能仅仅依靠生态移民。

三、石漠化综合治理

中国西南喀斯特山区的大面积土地石漠化，早就引起了国家政府的高度关注。近年来，政府一直在采取各种积极措施，力图遏制土地石漠化的势头，对已经石漠化的土地则推行各种生态恢复措施。然而这些措施的成效并不理想，生态恢复的工作往往是事倍功半，而土地石漠化面积还是与日俱增。为此，从传统知识的视角审视当前执行的退耕还林、坡改梯、修建大型水利工

①《人与生物圈》的记者：《走出石漠化与贫困的怪圈》，《人与生物圈》，2005（2），第16页。
②张惠远、蔡运龙：《喀斯特贫困地区的生态重建：区域范型》，《资源科学》，2000（5），第21-26页。

程等各种生态建设措施就显得十分必要。

退耕还林在麻山地区很难真正执行。对高度石漠化的麻山地区而言,事实上已无耕地可退,目前尚在利用的地段恰恰是石漠化尚不严重的地段。但如果退耕,人们将失去基本的生活来源。如何在高度石漠化的地段确保植树种草成功,这样的特殊技术和技能需要在当地苗族传统文化中发掘整理,同时可以有效缩短解决这一技术难题的时间。

坡改梯引发了人们极大的争论。有人认为大大地缓解了当地粮食匮乏的问题;也有人认为,"今天喀斯特遍地开花的'坡改梯',尽管对增加粮食产出具有一定作用,但这种单一的'坡改梯—粮食'模式定位正是喀斯特环境的劣势,且不说投入一产出比得不偿失的问题,在强度石漠化地区纯属劳民伤财"。① 杨庭硕和吕永锋的《人类的根基——生态人类学视野中的水土资源》一书做了精辟的分析:"一则,这里山势过于陡峭,山体岩壁光滑,暴雨季节下泻的洪水会形成巨大冲力,可以轻而易举冲垮乱石埂。历年来,不惜工本修筑的梯土大部分都被冲毁,就是明显的佐证。相反地,当地苗族沿等高线培育浅草带,却可以截留下泻的土壤,确保残存土壤可以支撑农作物种植。二则,取石、掏土都会破坏当地的山体结构,在无意中凿穿连接地下溶洞的缝隙,形成新的水土流失通道。新修的梯土也无法阻止土壤资源的流失。尤其是用炸药开采石料的后果更加严重,松动的山体更容易崩塌。在麻山地区兴修梯土的过程中,就不乏梯土修成后,泉水枯竭的报道。地质结构的脆弱环节一旦受到冲击,往往会对人类施以无情的报复。三则,大面积从岩缝中掏土铺垫梯土,形成的梯土面积有限,却会导致更大面积的石漠化程度加剧。孤立于石漠化地带的耕地无法与周边环境保持物质能量的交换,土壤失去活力,如果没有化肥投入就无法维持土壤肥力,长出的作物也容易受到害虫的侵害。目前,麻山地区化肥农药的供应量居高不下,甚至农药化肥的成本投入比产品价格还高,政府若不优惠提供,粮食就会无法自给。至于由此而导致的食品污染,其祸患更是难以统计。四则,这样修筑的梯土就本质而言,可以说是一些大型'花盆',保水能力低下,而当地每年都要遭受严重伏旱,因此作物收成无法得到保证。加上这样建构梯土,其工作量大而收效微,很难大面积推广。致使当地石漠化灾变救治长期徘徊不前。"② 除了大关、大土等少数梯土营建样板外,在广大的麻山地区真正发挥效益的梯土极为罕见。

---

① 熊康宁:《喀斯特石漠化的遥感·GIS 典型研究:以贵州省为例》,地质出版社 2002 年版,第 129 页。

② 杨庭硕、吕永锋:《人类的根基——生态人类学视野中的水土资源》,云南大学出版社 2004 年版,第 82 页。

　　来自世界上有名的岩溶脆弱生态环境的例子可以让我们更清楚地看到在喀斯特地区人为建构耕地的困难。"在斯洛文尼亚的切克尼察坡立谷，人们曾分别在1901—1907年和1971年对坡立谷落水洞进行过疏通和封堵。在伯兰宁那坡立谷目前可以看到一个世纪以前的疏通工程，当时由于人地关系紧张，为了获取更多的土地，人们设想将坡立谷排干不受洪水影响进行种植业生产。设计用钢铁制作的栏状物阻碍随水流到落水洞的杂物，不让其填塞落水洞，在建这些围栏时，还人为地将落水洞扩大。该工程是由捷克的工程师完成的。很显然人们当时对喀斯特含水层的了解不多，此工程最后只能作为人们试图'战胜'自然的纪念物。"①

　　修建大型水利工程提水灌溉看起来也不太现实。"针对麻山地区季节性干旱的现实，动用工程技术措施在全境探寻水源，耗费巨资兴建提水工程，甚至是河流改道工程。尤其值得一提的是，当地有开发价值的水源，要么深藏在地表深处，要么距离聚居区太远，经费投入极大，在经济上无力支撑。而且河流改道和开凿灌溉渠还会遇到漏水等技术难题。经过多次试行后，除了能缓解旱季饮用水外，当地珍稀的水资源很难在生产中发挥效应。"②

　　不难发现，在这些对策的背后隐含着一种极为相似的定型思维模式。这样的定型思维模式若置于江河下游的平原地带，肯定会发挥重大的效益。但问题在于，麻山的地质结构、生态结构和人文结构都具有其特异性，适用于平原地带的思维方式，并不适用于麻山地区。麻山地区农作物产量低，是不争的事实。但产量低的原因并不是缺肥，也不是缺少良种，缺的是水和土。因而，推广化肥、推广玉米良种，在麻山地区毫无意义。③事实上，在麻山地区，当地苗族传统种植的很多农作物对当地的石漠化环境更具适应能力。比如，他们习惯于广泛种植懒豆、饭豆、马料豆等豆类，用来代替作为粮食的葫芦科植物。然而，在很多农技人员看来，这些植物只能作蔬菜，不应当作为粮食种植。所以才会不遗余力地推广玉米种植。出现这样的怪现象，与其说是技术失误，倒不如说是观念上的偏颇。为什么我们只认定玉米是粮食，却没有人将饭豆和懒豆当粮食用？因此，接受当地农民已有的合理农作物品种配置是生态建设中一项重要的课题。

---

① 刘宏：《斯洛文尼亚喀斯特生态环境与农业》，《云南地理环境研究》，2005（4），第12页。
② 杨庭硕：《苗族生态知识在石漠化灾变救治中的价值》，《广西民族大学学报》，2007（3），第24-33页。
③ 杨庭硕、吕永锋：《人类的根基——生态人类学视野中的水土资源》，云南大学出版社2004年版，第82页。

总之，问题的症结在于对岩溶脆弱生态环境的特殊性理解不到位。在这个问题上，文化人类学倡导的文化相对主义具有借鉴价值。我国是一个多民族的国家，我国幅员辽阔，各地的自然资源结构又千差万别，按一种思路去简单化地处理不同自然、历史、社会背景的地区，无论是搞科研，还是搞行政管理，都会在无意中偏离事实和不同地区的需要。"如果排除了地方实践中蕴含的宝贵知识的支持，对于生产和社会秩序问题的简单和集权式的解决方案必然要失败。"① 要摆脱困境，为麻山地区石漠化灾变救治找到一条出路，关键在于认真反思石漠化救治策略背后隐含的文化理念上的症结，只有经过深刻的反思，才能探索新的救治思路。以往的救治对策虽然多种多样，表面上各不相同，但背后却都隐含着一个文化理念：麻山的生态问题是当地落后的表现，因此得套用生态环境截然不同的发达地区的农牧生产模式和思维办法，规划技术引进、社会改革和政策执行，才能彻底改变麻山地区的面貌。麻山地区的生态结构具有独特性，在其他地区行之有效的技术措施，在这里不具备起码的适应能力。其他地区的社会组织形式和相应的价值观念与麻山地区的实情不同，致使各种救治对策都得依靠外力推动才能勉强执行，麻山地区的苗族群众则成了被动接受的旁观者，他们本身的生态智能和技能无意中受到抑制。因此，探寻新的救治出路，就是要最大限度地发掘和利用当地苗族群众的传统知识，激活他们潜在的主观能动作用，让他们用自己的办法，按照他们对生态环境的理解，开发利用当地生态资源。依靠利用方式的改变，避开当地生态结构的脆弱因素，从而在有序利用的过程中推动当地的生态恢复。这是一种立足于社区，动用传统文化资源实现脆弱生态地区可持续发展的可行路径。

第三节　发展实践中社区参与的缺失

在麻山地区的调查中，作者深切感受到当地民众已经习惯了扶贫开发时期所形成的惯例，对于自己的村寨是否被划分为扶贫开发的一类村十分地关注，也习惯了长期扮演需要帮扶的角色。社区居民长期没有参与社区生态建设的渠道，逐渐失去了进行社区生态建设的兴趣，进而丧失了社区生态建设

---

① （美）詹姆斯·C. 斯科特：《国家的视角——那些试图改善人类状况的项目是如何失败的》，社会科学文献出版社 2004 年版，第 132 页。

的能力。在麻山的石漠化治理实践中，社区参与的缺失是麻山地区的少数民族群体、地方政府、中央政府等不同视角和不同利益主体的资源环境取向相互制约和竞争的集中表现。以往的生态人类学研究已经表明，在环境和发展等各种话语背后既有不同人群的"人性"和"文化"，也有各种超越地方社区的历史、政治、经济因素的影响。①

从中央政府的视角来看，像麻山这样的脆弱生态地区，必须花大力气、投大资金来进行生态建设，否则不能保证当地群众生活水平的持续提高，不能实现全国的生态安全。因此，政府给予了一系列的政策、措施、资金支持。从某些地方政府的视角来看，因为生态脆弱可以唤起国家的关注，既可以获得资金也可以获得所谓的"政绩"，因此，在具体的生态建设的实践中自然就容易停留在所谓的"面子工程"，以确保能够源源不断地从上级政府申请到更多的资金，自然会选择将大量的坡改梯工程、退耕还林工程修建在容易被上级领导观察到的公路两边，将石漠化综合治理的视点放在距离县城最近的村寨，以便上级领导检查。②从当地居民的视角来看，他们更关心的是如何实现家庭经济的可持续性。因此，他们的资源利用方式与当地的自然生态环境结合得最为紧密。种植玉米、麻、小米、红稗，养宗地猪、麻山羊，同时采集粽粑叶、竹笋、菌子等山珍以及果上叶、野生黄连、天门冬等药材换取现金收入，年轻人也去外地打工挣钱。因此，一方面，他们最了解自然生态环境的细微变化，注意到自从 20 世纪 70 年代开始使用化肥以来，原来大量种植的小米、红稗、南瓜长势越来越不好，一旦撒化肥后，很容易枯死。自从用了农药以后，野生动物越来越少，而地里的耗子却是越来越多了。同时，他们也能够遵循传统，保留着村子里的风水林，风水林里面物种多且丰富，我们甚至在他们的风水林里发现了国家二级保护树种——三尖杉。而同一个行政村的地域内，由国家实施的封山育林工程的林地上，单一地种植着一种树种，地面光秃秃的。另一方面，他们的行为也最直接决定着自然生态环境的演替走向。在麻山宗地，因为民众长期习惯将采集来的猪菜饲料煮熟以后喂猪，每天都需要砍伐大量的木柴作为薪炭，经过农业部门人员耐心地做工作，全部改成喂生饲料，这样的生计行为调整节省了大量的木柴，减轻了环境的压力。在这不同的行为方式后面隐藏的是以现代科技知识为支柱的发展观和以传统知识为根基的自然资源管理观的对立。

---

① 麦克尔·赫兹菲尔德:《什么是人类常识:社会和人类领域中的人类学理论和实践》，华夏出版社 2005 年版，第 194-216 页。
② 福特基金项目"中国西部地方性知识的发掘、利用、推广与传承"，2007 年 11 月项目培训会议资料。

　　传统社会对于自然资源的管理是通过农民在长期实践中形成的生存伦理来维系的，与现代国家对于自然资源的态度形成了鲜明的对比。现代国家在发展的压力和模式下对于自然资源采取的是双重态度：一方面在经济开发的视角下对于自然资源大力开发与利用，另一发面又从环境保护主义的角度出发对脆弱生态环境进行维护，期望能够获得更好的社会与生态效益。在麻山传统社会里，自然环境是强大的，是需要在过苗年期间重点祭祀的各种山神和雨神的综合体。正如詹姆斯·C.斯科特分析的那样："在大多数前资本主义的农业社会里，对食物短缺的恐惧，产生了'生存伦理'。……一个家庭能生产多少大米，部分地取决于运气，但种子的品种、种植技术和耕作时间的地方传统，是经历了几百年的试验和挫折才形成的，使得在特定环境下能有最稳定、最可靠的产量。这些都是由农民发展起来的技术安排，用以消除'使人陷入灭顶之灾的细浪'。还有许多社会安排也服务于同样的目的。互惠模式、强制性捐助、公用土地、分摊出工等都有助于弥补家庭资源的欠缺；否则，这种资源欠缺就会使他们跌入生存线之下。这些技术和社会安排已确认的价值，大概恰恰使得农民在来自其他地方的、帮助他们的农学家和社会工作者面前，表现出布莱希特式的固执。"[①]也正是因为这种明显的系统性差别，使得在现代国家的经济开发和生态建设中，往往因为对短期利益的追逐，遏制了传统知识的正常运作，遏制了传统知识求发展、求创新的本性，导致了发展和传统知识的对立，生态问题的积累和爆发。

　　不同的资源环境观的冲突与误解只有在增进不同利益主体之间的交流、合作的基础上才能实现，而这种在发展的过程中，社区参与的缺失急需得到改善。理论上，学术界已经达成了对公众参与环境和资源管理的共识。大致归纳如下："通过与生活在某一地区将要受到一项政策、计划影响的人们协商，可能会取得以下几方面的效果：① 更有效地明确问题；② 获得科学领域之外的信息和知识；③ 寻找能为社会所接受的其他方法；④ 为规划或解决方案创造一种主人翁意识以推动其实施。虽然参与方法在分析、规划的早期阶段可能使所需的时间延长，但这种投资通常在后期可通过避免冲突或最低限度地减少冲突而得到"回报"。[②]实践上，无论是国际还是国内的例子都已经证实了社区参与的重要性。

　　来自毕节"开发扶贫、生态建设"试验区金沙县平坝乡八一村"高原营业生产合作社"建设中的突出事例，可以让我们正面领悟到脆弱生态地区民

---

① （美国）詹姆斯·C.斯科特：《农民的道义经济学：东南亚的反叛与生存》，程立显等译，译林出版社 2001 年版，第 3 页。

② （加拿大）布鲁斯·米切尔：《资源与环境管理》，商务印书馆 2004 年版，第 284 页。

族在发展过程中一定要发动社区群众参与的价值和意义。

看到家乡6个村5匹山梁子一片光秃秃，1984年，时任6年乡党委书记的杨明生，毅然办理"留职带薪"手续回家带领乡亲们植树造林。经过半个多月的艰难游说，终于有27户农民同意用他们承包的荒山和残次林地入伙，一起种树。一个由27户127名苗族农民组成的松散型民间服务组织终于产生了。根据大家的意见，就以当地一个村民组名字命名，即"高原营林生产合作社"。合作社坚持土地、林地、荒山等生产资料所有权、使用权不变，采取自愿互利、合作互助和"谁种、谁管、谁受益"的方式进行经营管理，凡一家一户能完成的工作都由一家一户独立完成，一家一户不能完成的则由合作社组织大家共同完成，并由合作社为社员提供产前、产中、产后服务。这样，充分调动了社员的生产积极性，帮助社员排忧解难，拓宽了致富门路，制定了合作社章程，确立了"四统一分"的双层经营管理体制。

"统一领导"，即合作社实行民主集中领导制度，由主任和副主任组成合作社的领导班子，根据民主集中的原则领导指挥全社的生产经营活动。

"统一规划"，即合作社制定统一的发展目标，立足实际，确定短、中、长期发展项目，引导和组织社员走"以短养中、以中保长、以长为主"的发展路子，解决生产经营中的"单一化""无序化"和中、长期发展项目缺乏物质基础的问题，增强发展后劲。

"统一服务"，即合作社在技术、资金、物资等方面对社员实施统一的服务。这些服务，除必需的成本费外都是无偿的，合作社不提取分文报酬。

"统一管理"，主要是民主集中制定《营林管护公约》，认真组织实施，实行民主监督、违者必究、严肃查处。

"分户经营，自负盈亏"，即坚持"谁投资、谁开发、谁经营、谁受益"的原则，除按国家规定缴纳税收、集体提留和承包使用费外，经营所得全部归社员自己所有。除了制定严格的章程之外，合作社还充分利用了当地的苗族社会文化资源，依靠相互联姻家族的支持、灵活而人性化地相互监督来推进造林。①

据金沙县林业部门2003年的测算，全社造林5.3万亩，林业价值达到1亿多元，人均6万元。村民们不仅彻底走出了当年缺粮断炊的困境，而且还赶上和超过了全县平均水平，合作社98%的社员建了新房，80%的人家买了彩电，90%的人家买了电磨，许多人家还购置了洗衣机、音响、摩托车、电冰箱。如果计算这里户均拥有的林业资产，则已经远远地超过了全县的其他

---

① 比如，采取让违反规定的人请全村人看一场电影的方式来规约成员的行为。福特基金项目"中国西部地方性知识的发掘、利用、推广与传承"子课题金沙小组调查资料。

地方。目前，全社户均拥有林木面积 170 亩，即使只按亩均价值 4 000 元计算，户均拥有林业资产也达到了 68 万元，仅每年向社会提供 2 000 多万株苗木一项，社员们就有了数十万元的经济收入。其中，杨明生一家拥有林木 410 亩，由于营林造得早、管护得好，他的林子每亩至少要值 6 000 元，仅此一项，他家就拥有林业资产 250 万元；农庄村的吴世林是 1989 年才入社的"新社员"，共营造林木 580 多亩，按每亩价值 2 000 元计算，也拥有林业资产 120 多万元。在整个高原营林生产合作社，这样的"百万富翁"还有很多。

经过 20 多年的辛勤耕耘，合作社的生态恢复了、水保住了、抗御自然灾害的能力增强了，电拉上了、路修通了，社员们的生活水平和精神面貌也得到了很大的提高，到处是一派鸟语花香、林茂粮丰的景象。锦鸡、画眉及多种珍稀鸟类不断在林间鸣唱，野兔、山猫等野生动物不时在林间出没，就连已绝迹多年的金钱豹、野猪等大型动物也逐渐回到了这里。社员们也每家每户都有了自己的水井，彻底告别了到几里路外的山沟去背水的日子。由于从一开始就得到了全体社员的参与、理解和支持，整个森林的管护费用微乎其微。

可见，发动社区群众参与，在规划的过程中与群众的协商至关重要。尤其在脆弱生态地区的建设过程中，尊重当地人，尽快建立起一套能够融合多种方法，增加社区居民参与脆弱生态地区的生态建设的需要十分迫切。当地人不仅是脆弱生态地区的经济开发项目的利益相关群体，而且是传统知识的创造者和拥有者，将他们吸纳到脆弱生态地区的资源管理体系中，一方面可以很好地改善当前的生态建设中传统知识被忽视、出现传承危机的现状，一方面可以改善国家的生态建设中偏离当地自然生态环境的趋向，有效化解发展与传统知识的对立。对传统知识的发掘与利用，将是推动社区参与的最佳途径。

第五章　传统知识的发掘与利用

第一节　传统知识的传承与创新

　　科学在资源管理中的局限性为我们提供了发掘传统知识的最好理由。人们认识到科学方法并非总能够防止退化或恢复生态，"即使集中所有力量，现代科学似乎还是不能终止和逆转资源枯竭和环境退化，对许多人来说这是一个矛盾。这一矛盾的造成，部分是因为科学的资源管理和西方还原论的科学的发展，顺应着殖民主义者和开发者功利主义及掠夺式的'统治自然'世界观。这种世界观很适合把资源看成是无限的来做有效利用……因而，经过设计，现代资源管理学能很好地适应传统掠夺式开发，但不利于资源的持续利用。"[①] 虽然人们意识到传统知识在资源保护的实践中发挥了很大的作用，但是，传统知识到底具有什么样的特点，应该如何发掘呢？

　　正如克里福德所说："文化不会保持静态的形貌。"[②] 通过前面的讨论，我们可以看到，麻山地区苗族的传统知识并不是一个一成不变的僵死教条，而是一个不断进行着新陈代谢的系统。在这一点上，传统生态知识以及由传统生态知识所规约的技术技能，就像民族文化一样，既与时俱进，同时又不断地创新，因而从纵向的角度看，传统生态知识绝不会停留在同一个水平上，而是随着时间的推移，不断地有新知识加入，同时又不断地加以整合。从不同时段的横断面看，传统知识又自成系统，独立运行。一方面规约着民族成员的生态行为，另一方面，又立足社会历史状况衍生出具体的技术和技能，与传统生态知识共同影响该民族的生计方式，为该民族成员提供生活所需的生命物质和能量，支持该民族的稳态延续。传统知识，其适应的对象是同一个生态系统，为什么还能够不断地变化和创新呢，或者说，还有什么必要不

---

① （加拿大）布鲁斯·米切尔：《资源与环境管理》，商务印书馆 2004 年版，第 331 页。
② （英）凯·米尔顿：《环境决定论与文化理论：对环境话语中的人类学角色的探讨》，袁同凯译，民族出版社 2007 年版，第 177 页。

断地变化呢？对这一问题，前人探讨不多，因而分析起来具有很大的难度，真正的难点在于，不同民族对所处生态系统的利用，其间存在着什么样的差异。要解决这一难题，我们就必须全面分析人类对所处生态系统利用的特点。

当代生物学研究证实，整个地球生命体系中，大约并存着 35 万多种不同的植物，但其中能够作为粮食使用的物种却不多。人类至今已利用了大约 5 000 种植物作为粮食作物，其中不到 20 种提供了世界绝大部分的粮食。事实上，小麦、大米、玉米就几乎养活了当代地球上将近一半的人口。从这些数字可以看出，在极其丰富多样的植物物种中，人类规模性利用的植物物种极其有限。对这样的现象有不同的解释。其中，最常见的解释是，这些被利用的物种是最适合的粮食作物物种，其他的作物则不适合作为粮食作物使用。然而，这样的解释却不符合人类的农业发展史。因为，这些频繁使用的粮食作物，都有其原生种，它们能成为主要的粮食作物，是人类长期驯化选育的产物。照此推理，其他目前尚没有被选作粮食作物的野生植物如果经过同样的驯化选育，也应当可以筛选出可用的粮食作物来。可是，不管选育什么样的植物物种作为粮食作物，都要经过艰巨的劳动和漫长的时间，在已经有了可供利用的粮食作物后，任何民族若不是受到环境的胁迫，显然不会轻易耗费精力去做新的冒险和尝试，所以在人类历史上，率先做出这种风险性尝试的民族并不多。因而，人类仅频繁使用有限的几种植物作为粮食作物是人类历史的产物，而不是其他植物不具备驯化为粮食作物使用的生物属性。

另一个值得考虑的问题是，民族文化的结构有其自身的特点。民族文化为了确保运行的有效，必须引导其民族成员按尽可能一致的社会方式生活。这样做有三大好处：第一，该民族可以达到很高的社会整合水平，能高效地把民族成员凝聚成一个整体，应对来自自然和社会的挑战，使该民族更具生命力；第二，如果成员的社会生活需求具有较高的一致性，全面满足绝大部分社会成员的需求时就易于节约物质和能量，这是民族文化建构中通常的做法；第三，一个民族内部的成员，生活需求上越相似，民族文化的上层建筑就越容易稳定，也更容易达成社会成员之间的顺利沟通而确保民族内部信息交流的畅通，这正是民族文化建构中必须顾及的要素。上述三个方面的民族文化特征都会导致每个民族的传统生计尽可能选择有限的植物物种作为主粮，选取有限的动物物种作为主要畜牧对象，这才是当今世界上各民族频繁利用有限的植物和动物物种的原因之一。主要粮食物种和主要畜养物种各不相同的民族，在进行族际交流时，必然会遇上难以沟通的重大障碍。应当看到，这样的障碍并不会停留在主要粮食或主要畜养物种本身，还会因为主要粮食物种和主要畜养物种的差异诱发相关民族的生活习惯、社会组织、价值观、伦理观乃至生命观的系统性差异，最终造成相关民族无法顺利地进行信息交流，相关的知识、技术、技能都很难相互借用，以至于频繁接触的几个民族间经过长期磨合后，其主要粮食物种和主要畜养物种往往会缓慢地趋同。对这样的文化趋同现象，博厄斯早年曾有过相关论述，主要粮食物种和主要畜养物种的跨文化趋同也是人类利用的主要物种越来越少的原因之一。

通过对民族文化为何仅选用有限的物种作为主要粮食物种和主要畜养物种的原因分析，我们可以清晰地看到，任何民族所处的生态系统的物种构成必然比任何一个单一民族群体加以利用的物种要复杂多样得多，多到数百倍乃至上千倍。这就意味着，不管哪个民族几乎都是面对着一个无穷无尽的生物物种资源库进行有限物种利用的文化建构。这就表明，任何一个民族，如果有必要对其传统生计做新陈代谢的创新，都存在着一个无比广阔的生物物种空间，不会因为当地生物物种数量的多寡而影响生计方式的新陈代谢和创新。前面已经阐明，不管是远古、古代还是近代，当地苗族所使用的主要粮食物种和主要畜养物种大部分都是麻山地区生态系统中已有的物种或者是能够适宜当地自然生态系统的物种。1000多年来，虽然主要利用和种植的作物发生了三次剧变，相应的生态知识和技术技能也经历了三次变换，但当地规模性利用的生物物种仍然仅占当地生物物种总数的极少部分。即使全面启用这些已经利用过的物种，对当地的生态系统而言，也仅仅是利用了其中极少数的生物物种。这就表明，麻山苗族乡民即使再进行一百次的创新，也有足够的生物物种资源供他们使用。弄清这一基本情况至关重要，也说明了当地资源利用方式的改变有着坚实的生物物种基础，当地传统生态知识的创新具有无比广阔的创新空间。

任何一个民族的传统知识要实现创新，需要拥有无比广阔的生物物种储备库和可利用空间，但要真正做到这一点，每个民族都得同时付出两大代价，一是社会代价，二是生态代价。所谓社会代价，是指每个民族都得耗费巨大的人力物力才能作出这样的创新，也正因为如此，每个在历史上曾经作出过的传统知识创新，都是全人类可以共享的精神财富，都具有不可替代性。生态人类学正是立足于这一事实，才竭力主张发掘利用各民族的传统知识。所谓生态代价是指每一次这样的创新都可能会给所处的生态系统构成重大的冲击，削弱所处生态系统的稳态延续能力，这种削弱经长期积累后，有可能会以生态灾变的形式暴露出来，相关民族又得作出新的创新去化解这样的生态灾变。有鉴于此，任何一个民族都绝对不会无缘无故地随意启动创新机制，而是在现有的技术水平下维持一种均衡状态。在一些受各种条件限制的脆弱生态地区，农民的情况正像 R. H. 托尼描述的那样："有些地区农村人口的境况，就像一个人长久地站在齐脖深的河水中，只要涌来一阵细浪，就会陷入灭顶之灾。"① 也正像萨林斯所说的那样，民族文化的特殊进化总是要导致该种文化对所处生态系统的高效利用，并使该种文化更奇特化，以至于该种文化无法适应于其他类型的生态系统。从这一理解出发，传统生态知识和技术技能的创新以及由此而导致的新陈代谢出于特定文化系统自发行动的比例应该较小，而出于应对外族或外界压力或者胁迫的可能性就较大。麻山苗族从最早利用棕榈为生到依赖刀耕火种产品，再从依赖刀耕火种产品到实施麻和玉米的种植，都充分证明不是当地的苗族主动要求创新，而是在族际社会格局变化的背景下不得不采取的对策。因而，可以说，传统知识创新的驱动力主要来自族际社会环境的变化和民族间实力对比的变化所形成的民族格局变化。从单一文化的运作情况来看，一方面，在民族文化高度特化的情况下，势必构建起一整套的社会建制，以维护其对于所处生态系统的稳定利用；另外一方面，外部格局的变化和冲击往往会诱发一连串的社会变迁。比如，黔东南苗族、侗族社会的主要粮食作物就经历了由糯到籼的变化过程，生态环境、政府行为与民族文化三者在粮食作物变化和地区经济开发中的作用与适应关系引发了宗族关系、生态环境的变迁。② 因此，由民族格局变化而引发的传统知识的创新、变化和调整，在初期阶段并不是出于适应特定自然生态环境的需要，而只是在随后的历史过程中，必须得受制于所处自然生态系统的类型和特征，不断地针对特定自然生态环境作出生态适应，那些不适应的创新和变化，经过历史和实践的检验，自然也会遭到淘汰。值得注意的是，那些经过检验不适应于环境的传统知识并不会立刻被人们认识到，除了生态影响本身所具有的滞后效应外，由于有族际环境的支撑，其不良的生态后果也不会立刻显现，这就为生态问题的出现奠定了基础。

不同时代传统生态知识和技术、技能的新陈代谢导致的传统生态知识残存和积淀，往往会导致生态系统受损的积累，为生态灾变的爆发起到推波助澜的作用。具体到麻山地区，从最早利用棕榈为生到依赖刀耕火种方式生产小米、红稗，随着人口的增加，森林面积的大幅度减少，与之相伴随的相关森林产品和狩猎采集产品日渐稀少甚至消失，刀耕火种生产方式难以为继；再从依赖刀耕火种产品到实施麻和玉米的种植，固定麻园的建立使得苗族逐渐定居下来，揭开生态退化的序幕。定居引发了对于耐储存的高产粮食作物

① R. H. 托尼：《中国的土地与劳动力》，第 77 页。
② 杨伟兵：《由糯到籼：对黔东南粮食作物种植与民族生境适应问题的历史考察》，《中国农史》，2004（4），第 88-94 页。

的需求，而玉米的种植虽然缓解了人口增长带来的压力，但却加剧了当地的石漠化程度。可见，由于人们所熟知的"生态问题的积累效应""环境问题的放大效应""环境问题的极强的滞后效应"，加之社会因素对于种种生态冲击的化解、遮蔽，使得生态恶化以及生态灾变得以在人们眼皮底下逐渐积累，逐渐显现，而不会在问题出现的最初引发人们的关注和重视。自然因素和社会文化因素的叠加，自然的回应和人类的行为互为反馈，交互作用，最终酿成地方的生态灾变。

那些经过历史长期实践检验的适应于环境的传统知识，是我们人类和特定自然在相互作用、共同发展的过程中积淀下来的。"由于与资源、环境联系密切，本土居民通过尝试—出错—再尝试，进而增进了他们对自己所居住的生态系统的了解。本土居民并非总是与其资源与环境保持协调，他们也许过去曾经导致，将来也可能会导致生态系统产生退化。与此同时，因为他们的生存依赖从其中获取食物并得到保护的生态系统的完整性，所以重大错误一般都不会重复。他们对环境不断积累起来的认识常常以口头而非书面的形式流传下来，并且常常不能用科学的术语表示。"①例如，地处贵州省金沙县平坝乡的贵州高原营林合作社结合当地传统的种植办法在石漠化严重的山地种出了参天大树，他们"既不清理林地，也不挖翻土壤，而是在已有残次林中移栽野生的草本和藤本植物，作为以后苗木定植的基础。既不建苗圃，也不购买苗木，而是从周边树林中，选择林下的幼树苗进行移栽。移栽时完全不清理定植点的原有植被，而是在灌草丛中直接开穴定植，树苗移栽后隐藏于灌草丛中。对原先无灌草的石漠化地段，则不惜工本移开碎石，或是人工填塞土壤，或先撒播草种，或移栽灌木。待草类长大后，再定植合适的苗木。待树木的高度超过灌草丛后，才及时清理灌草丛，割去喜欢阳光的植物，留下耐阴的植物，而且仅仅割去植物的上半部，留下半米的残段让它们继续发挥截留水土的作用。割下的灌草和落叶不焚烧，与泥土混合后填入低洼的石坑中作为日后定植苗木的基础。他们认为树与人一样，没有伙伴的话就活不了也长不大，杂草灌丛就是树的伙伴，把它们清除之后，孤零零的树苗就肯定长不好。"②这样一些貌似不科学的传统知识却往往能够为我们提供独特巧妙的资源利用方式，尤其应该好好的发掘利用。

总之，传统知识既可能是生态灾变的罪魁祸首，也能够为我们提供独特巧妙的资源利用方式，实现可持续发展。从生态人类学的系统观点来看，人和社会都存在于自然和物质的环境范畴内，这个自然的、物质的环境会对人

---

① （加拿大）布鲁斯·米切尔：《资源与环境管理》，商务印书馆 2004 年版，第 328 页。

② 杨庭硕：《论地方性知识的生态价值》，《吉首大学学报》，2004（3），第 26 页。

和社会的行为、意识形态以及社会结构产生影响，人类社会的文化、政治、经济、历史等是与自然环境耦合在一起的。[1]因此，我们今天对传统知识的发掘，不能盲目地见什么就发掘什么，必须充分考虑到地方脆弱生态环境的自然生态特征，同时，充分估计到地方社会的多重影响。

本书的探讨表明，麻山苗族的传统知识至少 1000 多年以来，特别是近200 年来一直在发生着剧烈的变动。麻山苗族的生态知识，有的被淘汰了，有的被改变了，有的还在传承之中。就在作者从事田野调查之前的 30 多年内，他们又兴起了许许多多有价值的生态知识。我们要发掘的传统到底是什么？是远古的？是近代的？还是其他某一个时代的传统？其中，最叫人困惑的还在于近 30 年兴起的生态知识，在这些生态知识兴起的同时，化肥进来了，农药进来了，优良品种也进来了，而这一切都被打上了现代的标记，它还算不算传统呢？如果不算，它又与现代的集约农业确实不同，如果要算传统，它又分明打上了现代的烙印。这恰好是以往的生态人类学研究都忽略了的关键性问题。有鉴于此，作者认为，所谓发掘传统知识以及由此而必须加以界定的传统与现代的分野，并不是学理层次上的明确概念，而仅是有利于宣传生态人类学思想的通俗说法，不能理解为单纯的时间顺序。并不是远古的、过去的东西就是必须发掘的对象，也并不是现代的东西都没有发掘的价值，生态人类学必须坚持，文化的创造力是无限的。"然而，人类对于自然的能动改造利用所能达到的程度却受着时代的限制，而且任何改造利用都必须以适应为前提。"[2]过去有创造，今天有创造，未来还会有创新，而且随着时间的推移，现在的东西在一个世纪后也会被未来的人们视为传统。传统绝对不是一个时间概念，为此，我们必须找到一个稳定的坐标去规划我们的传统知识发掘，这个稳定的坐标只能是客观存在的生态系统本身。生态史的研究表明，生态系统的稳定性比人类社会更高，因而，有效适应生态环境的历史上的经验、能力和技术，不会随时代、社会的流变而失效，而具有长远的利用价值。当然，前人没有认识到的东西，今天还可以获得新的认识。因此，传统生态知识发掘的判断标准，就是这样的传统知识规约下的资源利用方式是否具有规避和控驭生态系统脆弱因素的能力。不管它开创于远古还是开创于现今，只要有这种能力都应该发掘利用，只有这样的发掘才能够在当地的生态建设中发挥作用。以此为例，麻山各族居民，远古采集

---

① Emilio F Moran:《Human Adaptability: An Introduction to Ecological Anthropology》,
Westview Press 2000, p112。

② 尹绍亭:《一个充满争议的文化生态体系——云南刀耕火种研究》,云南人民出版社 1991
年版，第 17 页。

桄榔木为食，古代用刀耕火种种植草本粮食作物，近代推广种植麻类，现代用玉米和南瓜混合播种，这些都有规避当地生态系统脆弱因素的功效，当然，也有不容讳言的缺陷。我们要发掘的仅是规避和控驭生态系统脆弱因素的那些成就和具体的技术技能，同时也需要扬弃他们不足的一面，最好能够用现代科学技术补救这些不足之处，这才是我们发掘利用传统知识的实质所在。

发掘传统生态知识和技术技能，关键是把那些靠经验积累起来的精神财富赋予现代科学技术的解读，只有完成这样的解读，不同民族的生态知识才能为不同民族所共享。2002年8月召开的第3次东南亚大陆国际山地会议，对怎么活用原住民族的乡土传统知识，保全生物多样性进行了讨论。会议认为乡土的环境保全知识与它的构造的解读，是现代人类学必须优先解决的问题。①的确如此，在本书的研究初期，虽然通过田野调查了解到麻山地区的苗族居民一直在执行不动土或少动土的种植和畜牧，一直在坚持多物种混合种植，一直在坚持偏好丛生植物和藤蔓植物，但这样的精神财富，如果失去了现代地质学、气象学、生物学、水文学的支持，就只能知其然，不知其所以然，作者也是在多方咨询相关专家，查阅了大量资料之后才了解到他们这样做的目的是为了规避当地生态系统的脆弱因素。只有经过现代科学的解读，我们发掘的对象——传统知识的科学价值才能得以体现，也更加容易推广。

前面曾经提到过的来自贵州高原营林合作社的例子表明了发掘传统知识必须将当地居民的行为用现代科学的知识加以解读。因为无法解释清楚传统植树办法的科学依据，所以，他们的植树育林办法得不到专家的认可，但他们确实利用传统知识在岩缝中种出了参天大树。"究其实质，还是苗族的传统知识在其中发挥了作用。而这些集中体现于上述六项植树造林办法之中的传统知识可以用现代科学技术解读归纳如下：一，利用植物的残株落叶截留水土，富集可供林木生长的土壤，同时为日后定植的树苗提供庇护。二，从已有树林中移栽树苗解决了当地适用树种的汰选难题。三，造林分多次进行，凭借自然力优选出可以成材的植株来。四，整个造林过程顺应自然，与具体的自然生态背景高度契合。因此，当地苗族的传统生态智慧就集中体现为对自然生态背景的认知和尊重，为树木找寻和营建适合其生长的最佳条件，而不是简单要求自然顺从人类的意愿。"②

---

① 何大勇：《构建人与自然的和谐：传统生态学知识的价值》，《贵州民族研究》，2006（6），第96-101页。

② 杨庭硕：《论地方性知识的生态价值》，《吉首大学学报》，2004（3），第26页。

可见，发掘传统知识也得依靠现代科学知识手段。恰恰正如生态人类学家尹绍亭先生所说："现代科学技术的发展并不能完全排斥和取代民间传统知识，只有两种知识的共存和互补，才是当代生态环境保护和社会可持续发展的最佳途径。"①

第二节 传统知识与现代科学技术的结合

本书研究的初衷，在于试图寻找苗族文化中蕴含的生态智慧，期望能够寻找到麻山苗族文化中对付岩溶脆弱生态环境的有效文化手段和方法，希望通过民族文化与所处生态系统的互动分析去揭示脆弱生态地区生态恶化形成的历史进程中的文化成因，并针对岩溶脆弱生态地区石漠化问题酿成的文化成因去规划石漠化治理的相关文化对策，为这一艰巨的生态建设难题贡献一份微薄的力量。然而，随着研究的深入，发现问题的复杂性远远超出了预先的估计。表面上看，这是一个脆弱生态系统的问题，而实质上却是一项庞大的社会文化复杂体，它不仅牵动了人、文化、多民族多元并存，还牵动了人与自然的关系、人与生态系统的错综复杂关系。仅就麻山地区的石漠化灾变而言，它是一个长期历史积淀的结果，也是较长的时间和较大的空间范围内人与自然错综复杂相互作用的综合产物。认识到这一步之后，很多习惯性的提法和见解都因此而面临新的挑战。因此，在坚持认清脆弱生态系统的生态特征和运行规律的基础上调动社会文化的重构，坚持利用传统知识，发动社区参与进行石漠化综合治理的前提下，作者深感有把近来的思考所得和大家探讨的必要。

首先，必须加强对传统知识的研究。传统文化是中性的，它既可以是镣铐也可能是翅膀。无论从主体的不均衡来看，还是从内容的相互冲突来看，传统文化都是复杂多样的。生存在贵州紫云石漠化地区的苗族同胞就拥有这样的传统知识，尽管他们中的大多数人还没有明确地意识到它的存在和价值。长期生息在这片土地上，他们不仅发展出了独具特色的传统知识以适应当地的生态环境，而且经历了生计方式的改变和重大的文化变迁。虽然在各种因素的综合作用下暴露出了严重的石漠化问题，但不为人知的是，他们却仍然在琢磨、试验着能够适应于石漠化环境的生存策略……。以至于，初次接触

---

① 尹绍亭：《促进我国的生态、环境人类学研究》，《生态人类学通讯》（内部刊物）第一期，第1页。

的人往往会得出截然相反的结论，要么视他们的传统文化为稀世珍宝，拼命地呼吁进行发掘、利用与保护；要么认为他们的传统文化已经千疮百孔，一无是处，只留下了已经高度石漠化的土地给后人。正因为传统知识是一个很难用几项规则就囊括的复杂体系，它与生态环境发生相互作用的机制又极其庞大复杂，还具有一定的滞后效应，所以，单纯地希望凭借一两项实用性的技术或者一两项关注生态效应的政策的实施就期待能够收到生态维护的效果，近乎痴人说梦。但是，关注石漠化地区的传统知识的历史与现状，无疑可以为与麻山石漠化地区类似的脆弱生态地区的建设提供重要的理论参照和行动依据。

其次，不能完全依靠市场化的做法进行生态建设。我们处在一个经济全球化的时代，这是一个不争的事实，也是一个不容改变的事实，而任何形式的科学研究，都是一项探索知识、总结经验、分析事物发展规律的社会性活动，科学研究不能超越时代，不能超越社会而独立存在，生态人类学也不例外。因此，当前生态人类学必须面对的一个重大质疑就在于，搞生态建设或是发掘传统，是不是要让那些少数民族永远不现代化，永远过原始生活，以便保持优良的生态环境？生态人类学研究当然不能这样愚蠢，任何形式的生态建设都是为确保人类社会的可持续发展而做的努力。因而，生态人类学首先得坚持文化的平等，坚持传统知识的主体有自我选择发展的方向和空间的神圣权利。然而，面对经济全球化的浪潮，一大批法学家、生态学家、经济学家有感于市场经济的威力，不自觉地谋求将生态环境市场化，以便将生态环境的优劣纳入经济体系实行价值定位，提倡实行生态补偿，并为此设计了一系列巧妙的计量办法，为生态环境的维护寻求经济原动力，虽然用心良苦，但却存在着致命的缺陷。

通过本书的分析研究，不难发现，生态系统和民族文化的运行规则完全不一样。生态系统并不接受文化运行的规范，当然也不接受经济运行的规范。因而，生态环境不可能捆绑到价值尺度上去。为此而做的努力很难收到实效。相反，文化的运行必须以生态系统的稳态延续为前提，因为人类社会的存在和可持续发展必须依赖于生态资源的提供。民族文化只能利用好自然生态系统中已有的资源，并不具备任何制造资源的能力。生物资源的提供、生态系统服务于人类的景观效用、气候调节、水资源储养等功能只能由生态系统完成，要完成这样的生态功能，还得尊重生态系统自身的运行规律。否则，生态系统无稳态延续可言，建立在该生态系统之上的人类社会也无可持续发展的根基。本书研究的麻山地区能够支撑的生态系统只能是藤蔓丛林。丛林形成后，不能够剃光头砍伐，不允许动土，不允许损害基岩表面的苔藓层，这些特点，虽然不符合民族文化的运行规律和愿望，但却符合自然生态系统的运行规律。因而，这儿的生态建设只能在尊重其固有生态特征的基础上去实施，不能凭人为设定的经济利益去胡作妄为。人类只能在这样的生态系统基础上，选择规划对自己最有利的资源利用办法。这应当是一个基本原则，也就是不能捆绑在经济尺度上的生态恢复原则。

生态系统是需要稳定延续，不能中断的，它永远跟不上市场价格的变幅。生态建设需要的是时间，禁不起时断时续的折腾，然而，生态建设捆上了经济尺度就必然时断时续。因此，作者主张，必须用文化对策去处理生态问题，不能用价格尺度去处理生态问题。原因在于，民族文化也像生态系统一样不能中断，而且具有持续运行能力，只有民族文化才能支撑生态建设持续推进下去。这既不是生态至上主义，也不是人类中心主义，而是尊重文化，立足文化视角实行脆弱生态地区的生态建设。

如今被大众认为最贫困、生态环境最差的麻山，在历史上并非如此。当地老乡也富过，生态环境也长期好过，因而，现在的生态环境恶劣，生活贫困仅是漫长历史过程的一个发展阶段。考虑到文化具有创新潜力，当地苗族的传统知识一旦拥有了现代科技的支撑，那么，生态环境的精心维护和高效利用的历史完全可以重演。事实上，麻山生态系统既然有它的特异性，它就必然拥有特异的生物资源。有了这样的资源，当地的苗族群众完全可以自主地参与到生态建设中来，选择适合自身的现代化道路。生态人类学的研究目标仅在于支持他们发现自我，发现社区所拥有的生态知识和技术技能的价值，推动他们完成生态建设，绝不反对他们搞任何形式的现代化，并且乐意为他们的现代化建设铺垫生态基础。

最后，必须正确认识传统知识与现代科学知识的关系问题。生态人类学本身就是现代科学的产物，它是在系统论、信息论、控制论推动之下，文化人类学与生态学联合的产物，生态人类学的研究思路和方法本身就立足于现代科学技术的多学科综合。生态人类学不仅要发掘少数民族的生态知识，也要发掘和利用一切现代发达民族的本土生态知识；不仅要发掘古代已经失传了的生态知识，也要发掘现代兴起的本土生态知识。现代科学技术并不是放之四海而皆准，而传统知识也有用武之地。舒尔茨说得好，当代发达国家的集约农牧业，是针对北温带特点建构起来的，仅适应于有限的类似地区，其他国家、其他地区的现代农业得依据所处的自然环境建立，绝不能简单套用。① 因此，必须澄清现代科学技术在生态人类学中的价值定位。

一方面，利用与推广传统生态知识急需现代科学技术推动传统知识的创

---

① （美）西奥多·W. 舒尔茨：《改造传统农业》，商务印书馆 2003 年版，第 47 页。

新和升级换代。我们必须清醒地认识到，任何形式的传统知识都是针对狭小的生态环境积累和建构起来的，尽管在积累的过程中，付出了很大的努力，但不管它发育到何种精巧的程度，其视野和适用范围都是比较狭隘的，但在经过现代科学知识的解读之后就能获得更大的利用空间。另一方面，现代科学技术也需要针对传统知识调整自己的研究取向。回到麻山个案来看，既然麻山水土资源贫乏，水土储集极端困难，要在这儿推广种植杂交水稻显然行不通。推广杂交玉米或者追施化肥，尽管可以立竿见影收到经济成效，但却会冲击当地生态系统的脆弱因素，带来更大的生态灾变。可是，只要将研究取向稍加调整，现代科学技术就可以使麻山的生态建设锦上添花。前面提到，麻山地区在历史上曾经利用过桄榔木，并且不会冲击当地生态系统的脆弱因素，那么，能够推动玉米、水稻、高粱育种更新的专家们，为何不能研究一下优产的桄榔木？或者在我国丰富的植物物种资源储备中，筛选桄榔木的替代植物呢？再如，麻山地区的传统生态知识已经证实构皮、葛藤、天星米、南瓜的规模种植既能高产，又有利于生态维护，我们的生物学家就应当把研究取向调整到这些物种上来，查清它们的生物属性，寻找更好的替代物种，优化其生物品质。麻山的传统生态知识要创新和升级换代，并不是一件难事。喀斯特生态系统中，除了丛生和藤蔓植物外，苔藓的储水保水能力对于维护生态系统的稳定具有独特的价值。那么，现代的生物科学和生命科学就应当研究苔藓的移植、移栽、繁殖、优化，以加速基岩表面苔藓层的恢复，切实支持麻山的生态建设。其结果不仅利在麻山，还可以为江河下游储备丰沛的水资源。苔藓层恢复成功以后，还可以为动物的人工饲养打下基础，推动当地的产业创新。

令人欣慰的是，我国岩溶学研究者已经在这方面迈出了成功的步伐。认识到："遗传信息传递系统的重要功能是把岩溶地区的各种环境信息（如富钙、缺土、双层结构、缺水、无光、潮湿、恒温等）传递到生命体中，从而进行物种选择或改造生物的习性，形成岩溶地区特有的生产者、消费者和分解者群落。这种功能为人类用基因工程实现环境恶劣的岩溶地区的可持续发展提供了可能。如中国科学院环境地球化学重点实验室已成功地把诸葛菜的岩溶石山适生基因转移到油菜中，使其能够在石山地区生长。在岩溶地区富钙、缺水、缺土的环境里已形成了一大批适应这种环境而又有经济价值的植物，如任豆树、印楝、青天葵、金银花等。掌握这些适生植物的生态习性和经济价值，将为岩溶石山的生态治理提供新的途径。如适生于石山地区的任豆树，其叶子含蛋白质19.62‰，可用作饲料，在广西岩溶石山区，已推广了 1 万 hm^2 以上。"[1]

---

① 袁道先：《全球岩溶生态系统对比：科学目标和执行计划》，《地球科学进展》，2001（4）。

所以，现代生物科学可以为麻山做很多很多，关键是看我们愿不愿意做。愿不愿意调整我们的研究取向。发掘利用传统生态知识，迫切需要现代科学技术的支持和帮助，但这样的支持与帮助必须遵循一个原则，那就是要尊重并懂得当地传统知识的实质，针对这样的实质选用能与之配套的知识和技术。为此，现代科学技术的研究取向，需要按各民族的传统知识进行调整，而不是反过来苛求各民族的传统知识屈从于现有的现代科学知识推广的需要，在这个问题上，必须诚恳地听取当地民众的意见，尊重他们的第一选择权，否则，可能会好心办坏事。

不可忽视的是，传统知识的利用，除了需要现代科学技术，更需要现代社会科学的支持和配合。任何形式的传统知识都是立足于特定的生态系统建构起来的。其适用对象和范围具有鲜明的特异性。无论再好的传统生态知识，在推广时都得慎之又慎，对需要推广的地区，若不先行做好地质、气候、生态、水文等诸多方面的基础研究，轻率盲目地推广，肯定要以惨败而告终。由于麻山地区生态系统结构的独特性以及当地苗族传统生态知识的专属性，不难发现，在这儿从事生态建设绝对不是一两项现代科学技术推广，一两项社会行动可以奏效的事情，从事生态建设应当是一项社会系统工程，除了科学技术外，产权界定、资源的领有与使用、历史传统的解读、相关社会问题的调解，无一不需要法学、政治学、历史学、社会学的配合与支持。否则，发掘传统、利用推广就会成为一句空话。失去了相关社会科学的有力支持和配合，实施推广工作就会受到各种各样的阻碍。搞生态建设就得脚踏实地，尊重科学，切忌追求轰动效应和政绩，如若不然，受损的不仅是相关地区，还会败坏现代科学的名声，歪曲传统生态知识的形象和价值。

因此，生态人类学虽然倡导对传统生态知识的发掘利用与传承，但真正将这项行动落到实处，进行生态建设，生态人类学却不能包打天下。要诚诚恳恳地向一切学科的专家学者学习，争取他们的理解、支持和帮助，共同做好麻山地区的生态建设。这里的生态建设做好了，我们就可望找到一个可以在全国 5 万平方公里喀斯特山区推广试验的发展路径和工作规范。

第三节　建立社区参与的机制

20 世纪 80 年代以来，随着人们对农村发展"基层参与"概念的重新认识，以社区为基础的自然资源管理（community based natural resource management,

CBNRM）作为实现农村自然资源的可持续利用与管理的方式和分析路径逐渐在全球范围内得广泛的认可和实践。它是一种积极的参与式方法，其目标旨在可持续地利用自然资源，同时要注重社区的生计发展，它在自然资源管理上强调社区在管理自然资源中的重要性，强调应以社区为主体，并考虑到社区生计的可持续性，试图重新建立能够有效管理资源的条件 。[1] 涉及可持续自然资源管理问题的地方通常集中于极度脆弱的生态区域内，如山区、丘陵、干燥的草原以及沿海地带等。在这些地方，自然资源的退化将导致食物系统不可挽回的损失，甚至整个生态系统的崩溃。[2]

在理论来源上，以社区为基础的自然资源管理主要来源于新发展主义对于传统的、单纯追求经济增长和西方发展模式的反思。[3] 社区为基础的自然资源管理的实施主要因为两种管理模式的不足，即政府集中的自然资源管理和私有化管理并没有处理好资源的可持续利用和社会公正问题。哈丁在 1968 年就提出了"公地"不可避免地要遭到使用者过度开发，对公地的破坏性开采实际上是因为公地不受排他权保护而造成的。当人们认识到这个问题后，公地的艰难处境就成为主张集权管理或私有化的借口。但是，在许多地方，政府集中管理的方式并没有阻止对资源的过度开发，如菲律宾的渔业资源在政府集中管理的过程中不仅没有好转，反而因行政管理不善、人口增加和贫困等因素而加剧了。另外，政府强制商业集团加大对资源的控制权力，也促使当地人因争抢心理而过度开发消耗自然资源。除了以上公共产权带来的资源过度开发的问题以外，产权归国家还容易导致政府在与当地人分配利益时占强势地位，一些政府总是让当地人做那些能增加政府财政收入的事情，却不顾及当地村民的生计需求。这种情况导致了社会公正的缺失。就私有化而言，显失公平则是存在的主要问题。资源的私有化加剧了不平等程度。另外，就资源本身而言，私有化在解决共有产权的资源管理问题时同样面临着许多严峻的挑战，许多自然资源必须具有一定规模才能发挥作用，如果产权被细分，就会导致资源整体功能的下降，对具有重要生态环境功能的资源而言，尤其如此。实践中，以社区为基础的自然资源管理可以克服上述两种模式的不足，并且在实践和行动的过程中还能够融合上述两种模式的优势，在许多发展中国家取得了成功。

---

① 安迪：《农牧区社区传统文化中的家庭经济模式、风险与生计的可持续性》，云南传统知识研究会议资料，第 1 页。

② （加拿大）罗尼·魏努力：《以社区为基础的自然资源管理研究：理论和实践》，《贵州农业科学》，2006（2），第 19-21 页。

③ 许宝强、汪晖：《发展的幻像》，中央编译出版社 2001 年版，第 1 页。

从文化视角来看，如果说主张尊重传统知识，发掘、重建传统知识是在全球化的层次下主张文化多元主义，是在不同的文化之间强调发展的多种文化可能性和与不同环境的多样化互动的话，那么，主张社区参与，完全可以看成是在同一个文化层次内部不同的特定人们群体之间实践多元发展观的努力。在社区参与中，不同的利益群体都获得了参与自然资源的决策、管理和维护的平等权利。

一系列国际宣言，如 1986 年的《发展权宣言》、1992 年的《里约环境与发展宣言》和 2005 年的《布里斯班社区参与宣言》都承认了社区的个人和集体的权利。但在实践中，这些权利似乎都被忽略了。只有勇敢地面对这一现实，向经济学统治人类幸福发起挑战，我们才能开发出真正的工具——它能够将权力赋予保护和开发自己资源的个人和社区。①

乡村发展理论和实践的涌现表明，发展中国家的乡村贫困面临的问题太大，以至于单独的参与者或当事者不能解决。各种发展干预水平上的实用和有效的伙伴关系，在不存在它们的地方应该创造出来，在以不同方式存在的地方则应得到加强。主要当事者间的战略伙伴关系、联盟与合作已经在全球、国家、地区和亚地区（草根）等不同层次上稳步前进，使发展中国家乡村穷人的生活水平得到切实有效的提高。在全球层次上，援助发展的重要机构和政府，通过联合融资安排积聚力量，致力于满足穷人的需要。在国家层次上，这些机构又和政府机构、实业界、研究机构以及非政府组织联合起来，确保建立一个为农村人口服务的更有效的输送系统。在地方层次上，要创造出能确保在影响他们生活的决策与执行过程中包含目标群体的框架。在草根层次上，实用有效的伙伴关系对基于社区的自然资源管理尤为重要。这还包括其他使农村社区能够寻求和执行能提高他们生活水平的战略和决策的调整和过程。这些授权过程的可持续性取决于两个关键因素：① 社区参与；② 将地方或本土知识体系纳入发展过程。②

津巴布韦东南部干旱区项目就是在三个不同的层次上对伙伴关系的尝试。在全球层次上，这个项目由荷兰政府提供基金，国际农业发展基金通过贷款给津巴布韦政府，津巴布韦政府通过投资项目公共部门对该项目进行投资。在国家层次上，在主要的当事者间，包括政府、非政府组织、大学以及私营实业公司等，协作得到稳步推进。在草根层次上，通过加强乡村制度这个要素，重视各利益相关群体的实用有效的合作；通过社区授权

---

① 伊尔姆高·鲍尔、凯蒂·托马斯：《影响评估工具中的社区和公司偏见》，《国际社会科学杂志》（中文版），2007（3）。
②（加拿大）布鲁斯·米切尔：《资源与环境管理》，商务印书馆 2004 年版，第 364 页。

过程，确保目标群体和包含在他们本土知识系统内的关键要素充分参与当地的自然资源管理。这个计划覆盖了津巴布韦东南边境地区的 11 个行政区，这些地区的特征是降雨量少而且没有规律，具有高度不可预测性和可变性。因此，对付干旱的战略和冒转移的风险，是项目覆盖区内人们生活的核心内容。在这一点上，传统知识体系在维持这种生存中起到了关键作用。而且，本土知识体系更可能提供在正式自然资源管理和环境管理战略和过程中被忽略了的乡村社区间联系。这个过程不但保证了把社区完全纳入该项目，而且，它们在地方水平的决策、项目执行和管理过程中也起到了重要领导作用。①

　　社区参与有益于脆弱生态地区的可持续发展。无论是理论上还是世界各地的实践都表明了社区参与的过程和行动有益于脆弱生态地区的可持续发展。令人欣慰的是，同样属于麻山地区的贵州省长顺县凯佐乡在加拿大国际发展研究中心的资助下进行的以社区为基础的自然资源管理经过十年的探索，已经取得了良好的效果，为麻山岩溶脆弱生态地区的可持续发展提供了良好借鉴。②

　　这个名为《中国贵州山区自然资源管理》的项目最初在两个村庄展开，使用了建立管理制度和管理小组、促进妇女参与、参与式技术发展等方法，主要是总结社区自然资源管理方法的一些原则和经验。项目从一开始便采用了参与式研究方法。该方法是参与性的、多学科的和性别敏感的研究，表现为在研究中综合应用自然科学和社会科学的方法，所有相关人群特别是作为资源管理主体的社区村民共同参与研究主题的确定、研究的设计与实施过程，以及在研究中考虑到不同性别在资源管理中意识、态度和行为的差异，有针对性地开展项目研究设计与实施。强调对作为自然资源管理主体的"人"的社会关系、习俗、观念、行为、性别、民族差异等与自然资源管理之间的关系的研究；强调外来研究人员向当地村民学习，善于总结和学习他们在长期的社会实践与生产实践中形成的乡土知识和乡土技术，多做学生、少做先生，即反向学习过程；承认多样性和公平性，不强调平均的方法，要尽可能地反映现实的复杂性、多样性，干预措施要照顾到边缘人群的利益；充分考虑激发自然资源管理中唯一主体的人的主体动力，充分调动他们的参与性。根据参与式的原则和方法，采用参与式工具

---

① （加拿大）布鲁斯·米切尔：《资源与环境管理》，商务印书馆 2004 年版，第 365 页。
② 孙秋等：《社区为基础的自然资源管理（CBNRM）方法的制度化——基于贵州省长顺县凯佐乡的实践》，《贵州农业科学》，2006（5），第 22 页；罗尼·魏努力等：《以社区为基础的自然资源管理的研究：理论和实践》，《贵州农业科学》，2006（2），第 19-21 页。

分析和评价传统农户和社区自然资源管理的实践，以及影响自然资源持续利用的社会、经济、文化和生态因素，确定了限制因素和面临的机会，并在此基础上制定促进资源持续利用和当地生计改善的技术和政策措施。这些措施主要包括：

（1）充分利用当地乡土知识和传统的资源管理实践完善相关资源管理法规和制度；

（2）协助、组织和动员当地社区主动参与和资源利用相关的基础设施建设；

（3）采用参与式技术发展方法不断提高当地资源利用水平并开展相应的生产和生计发展活动；

（4）促进当地社区管理组织和制度的建设。初步的研究和实践表明，这些措施在这两个自然村是十分有效和成功的，表现在：建立和形成了一套"村规民约"式的自然资源管理制度和相应的管理组织；为贫困地区与资源利用相关基础设施建设外部资金的投入方式及管理构建了一种高效可行的模式；参与式的技术培训和推广，参与式的计划、实施与管理，以及参与式的监测与评估，极大地提高了社区村民的能力。参与式的试验研究总结出一系列技术上有效的、环境上可持续的和适应当地资源、社会经济与文化条件的技术干预措施，极大地提高了当地社区资源的利用水平，为社区资源的持续利用与管理提供了及时充分的技术保障。顺利取得了预期的项目成果。

项目第二期，研究村庄扩大到六个，实施过程中加入了参与式监测与评估方法，对项目实施过程中发现的问题及时解决和调整，并增加各方的责任感。项目第三期，进入推广社区自然资源管理方法阶段，项目村庄扩大到整个乡37个村庄，主要目的是与县乡政府相关部门合作，提高各方的行动能力，并建立起良好的合作伙伴关系。经过项目各方10年的努力，取得了很大的成绩，项目点的发展也非常显著。长顺县委已经在九届五次全会上提出了2004年要在全县大力推行凯佐乡社区自然资源管理经验，让群众全程参与扶贫项目的实施，调动群众的积极性，确保扶贫开发取得实实在在的效果。正如一位县领导所言："社区自然资源管理方法之花已经开遍凯佐，我们要让花开凯佐，果落长顺。"凯佐乡从2004年开始已经将推广社区自然资源管理方法列入政府工作计划。此外，在2006年3月召开的长顺县第十届人民代表大会上，凯佐乡的代表提交了"在长顺县凯佐乡推广社区自然资源管理方法"的提案，并被列为重要提案。社区自然资源管理方法在当地政府体系内的制度化具备了良好实践基础、人力资源基础和初步的制度和舆论基础。长顺县扶贫办、农业局、水利局等有关部门也开始在他们实施的项目中融入一些社区自然资源管理方法的理念。所以说，社区参与并不是仅仅强调被忽略的当地人群的声音，必须依赖通过社区自身的能力建设，建立与政府和专家的新型伙伴关系，共同决策、管理共同的社区发展。

总之，社区参与依赖于对传统知识的尊重。对传统知识的发掘与利用，将是推动社区参与的最佳途径，而社区参与的实践，将会推动传统知识的重建和新生。

结　语

在从生态人类学的视野回顾了麻山苗族的传统知识变迁脉络之后，麻山个案的意义在如下三个方面得到了充分的体现。首先，麻山苗族之所以能够在专家们认为不适宜于人类生存的地方生存下来，完全得益于他们的传统知识较好地适应了当地的岩溶脆弱生态环境。其次，当地的石漠化状况是麻山苗族的传统知识在历史的进程中受到了一定的忽视，文化与自然相互作用之后的综合结果。因此，传统知识的发掘和利用应该立足于脆弱生态地区的自然生态系统特征，同时加强与现代科学知识的相互吸纳和转化。最后，当地的贫困可以通过社区参与，合理表达社区的自然资源观而得到改进。传统知识的发掘和利用应该立足于当地群众的充分参与和自主选择，同时加强社区的能力建设，尽快建立与各级政府机构和专家的新型伙伴关系。的确，正确认识传统知识的局限与优势之后，麻山苗族就不仅可以在这片被专家认为不适宜于人类生存的地方繁衍生息下去，而且还可以过上更美好的生活。

麻山苗族的传统文化绝不是一个恒定不变的知识系统，而是一个在历史的长河中不断演化、不断丰富、不断健全的积累产物，在演变的过程中，当然也会走弯路，甚至会走向反生态的道路。因而，发掘利用传统生态知识和技术技能绝对不等于看见什么就发掘什么、利用什么，甚至推广什么，而必须针对当地原生生态系统的结构特点去作出理性的选择。任何形式的生态建设都必然是一项社会性的系统工程。除了坚持发掘利用传统生态知识这个原则不能动摇外，真正要搞好麻山的生态建设还有很多的阻碍。决不能就麻山论麻山，必须考虑到经济全球化、国内外市场能源短缺、体制改革、对外开放等我们所处的时代不可回避的一切问题，必须立足于麻山，放眼世界。

脆弱生态地区民族的生存与发展，必须妥善协调自然、社会、文化等各层次、各方面的错综复杂关系，建构和谐的人地和人际关系。通过各方面的协同努力，逐步稳妥地落实各项建设任务，才能做到对资源的高效利用和生态维护的统一。正如康芒纳在《封闭圈——自然·人和技术》一书中所指出的，生态学理论和各种环境问题之间还存在着一个尖锐的矛盾，这就是人们对经济效益的奢望和对权力的贪欲是人们不能用生态学观点来对待生态环境的主要障碍。[①]必然采取有效的、自觉的"社会行动",才能重建自然,从根本上解决生态危机。也就是说生态建设并不是单纯生态学意义上就能解决的,它必须以人文环境的建设为基础,具体到麻山地区的苗族而言,要实现可持续发展的目标,还有很漫长的路要走,为此,必须毫不动摇地坚持下述四项对策性建设原则:

第一,立足并尊重当地自然生态系统的特征和运行规律。

规避脆弱因素,正是尊重当地自然地理结构本底特征的具体化。不管以什么形式,在多大程度上冲击了当地自然生态系统的脆弱因素,实质都是对自然规律的践踏和漠视,任何形式的生态建设工程绝不能干这样的蠢事。

按照这一原则,麻山的生态恢复规划,就必须取准于当地的历史经验。凡是在当地历史上批量产出过的生物资源,都应当按其生态效益程度加以排序和筛选,并以此为依据决定生态恢复的物种结构。桄榔木、构皮、葛藤、竹类等植物应当成为生态恢复中重点扶持、扩大种植的优选物种。为此,在类似的地区近期应考虑淘汰不利于生态维护的粮食品种,如玉米和甘薯。扶持当地苗族传统生计中历史证明有利于生态维护的粮食作物,比如各种豆科粮食作物和薏苡、苋菜等,既无需频繁动土,又能遮蔽裸露基岩的农作物。在需要退耕的坡面,定植构皮、桄榔木等当地原生经济植物,中期应该考虑在陡坡坡面沿等高线次第恢复原生藤蔓丛林,将粮食作物用地压缩到洼地底部和山脊地带,扩大本土经济作物的种植规模,建成我国的造纸原料基地、种猪基地、养蜂基地等,以便当地群众可以依托经济作物的收入压缩粮食种植面积,以更好地进行坡面的生态恢复工作。对山脊地段,则应考虑在中后期逐步实施小型动物放养,按目前的状况来看,林下养鸡和猪的放养都比较有前景。只有这样针对原生生态系统的特点去逐步实施脆弱生态地区的生态恢复工作,才能用最小的投入,最小的社会代价,去完成生态恢复工作。

第二,尊重传统知识,合理利用传统知识。

利用自然必须植根于认识自然,认识得越深、越准确,才越可能做到巧妙利用、高效利用。麻山地区各族群众的地方性知识,正是经历了千百年的积累和沉淀,才被人们所利用,其完全足够支持岩溶脆弱生态区的生态建设。忽视、轻蔑这样的地方性知识,既是人力物力的巨大浪费,又是对当地群众主观能动性的践踏,是一种愚蠢的偏见。撇开已有的地方性知识,单纯凭借

---

① [美]巴里·康芒纳:《封闭圈——自然·人和技术》,侯文蕙译,甘肃科学技术出版社1990年版,第34页。

现代科技去认识喀斯特山区的地理特征和自然生态结构，必然造成人力和物力的极大浪费，而且难以满足岩溶脆弱生态区生态恢复的紧迫需要。不充分考虑各种相关社会环境的变化，就只会增加当地自然生态系统的负荷。因此，展开岩溶脆弱生态区的生态恢复工程，必须尊重当地各民族的传统知识，必须动用社会力量发掘利用这些传统知识，并推动这些传统知识与现代科学知识的相互了解与沟通，积极发动当地人的参与，才能有效地支持生态工程的建设。

第三，充分利用现有的各种科技手段和知识。

各民族的传统知识虽然具有不可替代性，但也存在着不容忽视的局限。首先，一切传统知识都要受到生存地域的限制，其视野必然十分狭隘，若不具备宽广的视野，就难以与全国的生态建设保持同步和协调，也无法获得来自全国的支持和配合。其次，一切传统知识总是表现为具体经验的积累，并与特定的传统文化结成一个紧密的整体，而且落实到具体个体的社会行为中，以至于传统知识往往缺乏系统性和逻辑严密性，它只能与现代科技知识相互支持，相互推进，而绝不能替代现代科学技术。最后，传统知识属于"亲密知识""默契知识"，很难化约为现代的知识体系，它的分布在个体之间具有不均衡性，不适应盲目推广，若不动用现代科技知识深入研究，就无法获得普及、推广的能力，难以推动传统知识在新条件下的重建。上述三个方面的缺失，都必须依靠现代科技人员的辛勤劳动去化解。因此，尊重各民族的传统知识，绝不意味着否定现代科学技术的价值，而是要推动现代科学技术与传统知识的有效结合和相互借鉴。因此，展开脆弱岩溶山区的石漠化生态重建工程，必须发动更多的各个学科的科技人员参与到生态建设工程中来，生态建设工程才可望获得现代科学技术的支持与配合。因此，尽快培养一支既了解脆弱生态地区的民族文化特点，又有一定的现代科学技术水平的科技人员，必然会加快生态建设的步伐。

第四，建立社区参与机制，尊重当地群众的知情权和选择权。

我们必须牢记，脆弱岩溶山区的生态恢复是一项浩大的工程，没有当地群众这个主体人群的参与，绝对不可能做好。由于脆弱岩溶山区的地质特点和自然生态系统特征具有多样性和复合性，如果不将当地群众作为主体，让他们贡献自己的地方性知识，就难以启动生态恢复这样的社会工程。离开了当地群众，生态工程将失去它的建设者和服务对象。生态建设的目的是为了当地少数民族的可持续发展，而脆弱岩溶山区生态资源的利用受到特定自然生态环境的限制，不适宜兴建集中生产的重工业企业。因而，即使生态工程恢复完成后，可能建构的产业也必然是劳动密集型、组织方式相对灵活分散的产业，这更需要当地各族群众的广泛参与，才能实现高效利用与生态维护。因此，这项生态工程，必须以当地各族群众为建设主体和依赖力量，同时，当地群众也是生态建设最直接的受益对象。为此，若不尊重当地群众的知情权和选择权，不能借此调动他们的主观能动性和积极性，生态建设工程将无从谈起。我们必须吸取以往单纯从善良的愿望出发，瞎指挥带来的惨重教训。不尊重当地群众的知情权和选择权，光凭行政干部和科技人员高高在上的指令和拿来主义的规划方案，只会加剧当地的石漠化。要搞好生态建设，必须对当地群众以诚相待，尊重他们的主体地位，将知情权和选择权返还给他们，脆弱生态地区的生态重建才有指望。正如福特基金会官员白爱莲博士所说：不能用固定的模式发展。比如，在澳大利亚，由于忽视当地人的传统知识和社区参与，白人只用了 200 年时间就打破了当地沿袭了上千年的自然生态系统，酿成了严重的生态灾变。如果把规范比作鸡蛋壳，文化比作有生命力和创造力的蛋黄的话，缺少了文化，就缺少了蛋黄，缺少了当地民众的创造力这个蛋黄，就会空壳化。因此，要避免空壳化的发展。[1]

生态人类学研究的旨趣，绝不停留于简单的应用，而是要探讨人类社会与自然生态系统相互关系的多种历史形态、当前模式和未来的种种可能性，探讨人类创造的文化在人地关系中所扮演的独特角色，以此揭示人类生态行为可能导致的生态后果，以及人类应当如何通过文化的重构去赢得与自然生态系统的和谐共存。总之，生态人类学不仅关心人类的过去、现在，更关注人类的未来，希望使人类意识到社会——生态体系之间和系统内部各要素的复杂互动乃是人类社会可持续发展的基础。不能有效地规约和协调自己的生态行为，才是人类社会自身最大的悲剧。为了不使这样的悲剧成为事实，每个民族都要负起责任来，尤其是脆弱生态地区的民族更加责无旁贷，更应该立足传统知识和现代科技的强大支撑，立足社区民众的参与，重建脆弱地区的生态环境，获得更好的生存空间和发展机遇。

从麻山个案出发，认识到利用传统知识在脆弱生态环境下进行生态重建的意义，作者既感到信心十足，更感到责任重大。麻山虽小，但却可以喻大，可以从中看到脆弱生态地区各民族重建传统的希望，同时也是脆弱生态地区生态重建的希望，当然更是生态人类学的希望。

---

[1] 2008 年 6 月 25 日呼和浩特福特项目培训会议白爱莲的发言。

附 录

表一 地块实测数据记录卡

类别：　　　　　　　　　　　　　　　　　　　编号：

填表人：　　　　　　　　　时间：　　　　　被调查人：

地块编号		面积			
承包人	姓名	民族		年龄	组别
GPS 定位	经度	纬度		海拔	所在地点
无机环境	包括（气候、地质状况、温度、历年灾害记录等）				
作物混种状况	1. 作物名称		估计产量		所占比例
	2. 作物名称		估计产量		所占比例
	3. 作物名称		估计产量		所占比例
	4. 作物名称		估计产量		所占比例
	5. 作物名称		估计产量		所占比例
	6. 作物名称		估计产量		所占比例
	7. 作物名称		估计产量		所占比例
	8. 作物名称		估计产量		所占比例
	9. 作物名称		估计产量		所占比例
	10. 作物名称		估计产量		所占比例

续 表

强日照下温度湿度实测数据	作物根部地面	温度		作物空隙处地面	温度	
		湿度			湿度	
	作物距离地面（0.5 m处）	温度		作物空隙处距离地面（0.5 m处）	温度	
		湿度			湿度	
	作物距离地面（1 m处）	温度		作物空隙处距离地面（1 m处）	温度	
		湿度			湿度	
耕地周边环境	1. 无植被 2. 草坡 3. 灌木 4. 有高大乔木 5. 农田 6. 公路房屋等人为设施	东面	1. □　2. □　3. □　4. □　5. □　6. □			
		南面	1. □　2. □　3. □　4. □　5. □　6. □			
		西面	1. □　2. □　3. □　4. □　5. □　6. □			
		北面	1. □　2. □　3. □　4. □　5. □　6. □			
耕地周边无遮蔽空地	地面温度			地面湿度		
	距地0.5 m处温度			距地0.5 m处湿度		
	距地1 m处温度			距地1 m处湿度		
近五年利用状况	1. 2003 年 2. 2004 年 3. 2005 年 4. 2006 年 5. 2007 年					

表二 农作物实测数据卡

类别：　　　　　　　　　　　　　　　　　　　　　　编号：

填表人：　　　　　　　　　时间：　　　　　　　被调查人：

名称	汉语名称	苗语名称	俗名	异名	学名	
作物生长特征	直立□		蔓生□		攀缘□	
	植株高度：	荫蔽程度：	分蘖分枝情况：	叶长：	叶数：	收获对象：
种植要领						
当地群众对该物种的评估						
利用的多重性描述						
地块代码						

表三 野生植物利用调查记录卡

类别： 编号：

填表人： 时间： 被调查人：

名称	汉语名称	苗语名称	俗名	异名	学名

利用类别	1. 食用：粮□菜□佐料□零食□饮料□节日食用□ 2. 饲料：猪□牛□马□羊□鸡□ 3. 纤维：绳□垫□造纸□ 4. 药用：□ 5. 建材：建房□家具□ 6. 宗教用：仪式□节日□ 7. 其他：□	利用类别	1. 全株 □ 2. 根 □ 3. 茎 □ 4. 叶 □ 5. 花 □ 6. 果实 □

加工利用方法	技术要领：
	质量指标：
	特殊处理办法：

续　表

获取手段	技术要领：
	质量指标：
驯化可能	
当地人的价值评估	
分布特点	
备注	

表四 宗地乡野生植物调查汇总表

序号	名称	利用类别及部位	加工方式及特殊处理办法	分布环境特点	当地人评价
1	百叶莓	食用植物，吃果实	3 月份果实成熟即可生吃	山坡、平地均有	颜色越红味越甜，小孩作为零食吃
2	酸枣	食用植物，吃果实	果实成熟可以直接生吃，还可以用果实泡酒	山坡、平地有少量分布	成熟后味甜，泡酒需要 2~3 个月时间酒才香
3	苦丁茶	食用植物，用于泡茶	采摘嫩叶洗净后泡在开水中饮用	山上偶有分布	从山移栽来野生树种驯化，采摘的叶越嫩越好
4	苦枳	食用植物，吃果实	9 月份成熟即可生吃	山坡、平地均有	果实酸味重，果较小
5	蔷薇科一种	食用植物，吃果实	4、5 月份成熟，生吃果实	山坡上分布较多	紫色味最甜
6	红紫树	食用植物，吃果实	9、10 月份果实成熟即可生吃	山坡上分布较多	在饥荒年代是一种粮食，如今偶尔做零食吃，味甜，水分少
7	苦葱	食用植物，吃全株	可作为佐料，与其他菜混合炒熟吃	包谷地里分布较多	入秋后采集
8	山药	食用植物，吃根部	挖取块根，洗净后炒着做菜吃	岩窝泥土中较多	入秋挖取最好，可以驯化为家种
9	芭蕉芋	食用植物，吃块茎	将块根碾碎提取淀粉制成粉条	房前屋后的平地	当地已将它驯化为家种
10	野梨梨	食用植物，吃果实	颜色深黄即成熟可生吃	灌丛中较多	颜色深黄味酸甜，储存后变黑色无酸而甜
11	马桑树	食用植物，吃果实	果实变黑即成熟可以直接生吃，	山坡、平地有少量分布	发酵7天可烤为烈性酒；吃多果实会中毒，用童尿解之
12	山塘菌	食用植物，吃全株	炒着吃	土质较厚的坡上，以灰白土为最佳	山塘菌一年发一回，喜欢在相同的地方生长，现在已经很少有
13	木耳	食用植物，吃全株	洗净后先用开水煮软再炒着吃，或做汤。	多生在构皮树、椿树的烂木头上	可以人工培植

续 表

序号	名称	利用类别及部位	加工方式及特殊处理办法	分布环境特点	当地人评价
14	大豆	食用植物,吃叶	将嫩叶用清水煮熟后剁碎加在豆腐上做成渣豆腐	山坡上分布较多	在点豆腐温热时加入,缺菜时节也可做菜吃
15	红紫树	食用植物,吃果实	9、10月份果实成熟即可吃	山坡上分布较多	在饥荒年代是一种粮食,如今偶尔做零食吃,味甜,水分少
16	肾蕨	食用植物,吃茎	将地下茎洗净炒着吃,或生吃时将外毛拔掉	山坡、平地到处都是	生吃味甜而涩,多煮一点时间可去涩味
17	地瓜榕	食用植物,吃果实	果实成熟即可生吃	多生在草较少,土壤较薄且贫瘠的黄土上	俗语:六月六地瓜熟,七月七地瓜烂
18	染饭花	食用植物,吃花	将花煎于锅,滤渣取汁,用汁染糯米饭变黄色	山腰路旁有分布	用它做食用染料
19	野茼蒿	食用植物,吃茎、叶	做蔬菜用水煮或做汤,也可炒着吃	山坡、平地均有	味道微苦
20	老胖菜	食用植物,吃叶	做蔬菜用水煮或做汤,也可炒着吃	土壤肥沃、湿润地带有所分布	叶越嫩越好吃
21	硬邦菌	食用植物,吃全株	炒着吃	山上阴暗的地方	是一种很有韧度的菌子,小朵的比大朵的好吃
22	葡萄	食用植物,吃果实	6、7月份成熟即可生吃	山坡、平地均有少量分布	本地品种为黑色,味甜中带酸
23	草果叶	食用植物,吃全株	做佐料,加在羊肉、狗肉汤中去腥味,使汤味变香	山坡上有分布	可以驯化为家种
24	紫珠	食用植物,吃果实	8、9月份果实成熟即可生吃	山坡上分布较多	果实为白色,有一种特殊的气味,不宜食用过多,易导致呕吐

续　表

序号	名称	利用类别及部位	加工方式及特殊处理办法	分布环境特点	当地人评价
25	苦荬菜	食用植物，吃全株	煮熟食用，或剁成泥状生吃	包谷地、抛荒地里分布较多	嫩的较好吃，味苦
26	红刺泡	食用植物，吃果实	果实成熟可以直接生吃	灌木丛中生长	可以驯化为风景树
27	大科	食用植物，吃花	开花时，摘取花朵直接吸取花朵里的蜜糖	山坡灌丛下	花蜜很甜，3、4月份的花为佳
28	薯蓣一种	食用植物，吃根	取根部洗净煮熟吃	山腰上较多	煮熟后可代替�糊
29	钓鱼竹	食用植物，吃竹笋　工艺用植物，用茎 建材用植物，用茎	刚发出为竹笋时可以炒着吃或做酸菜　竹子用于编筐、背笼等　建房子墙壁	潮湿的平地或山腰上的肥地长势好	竹子长三年才坚硬，工艺用竹以4-5年生的竹子为佳
30	药百合	食用植物，吃根	将块根烧熟后吃	山上分布较多	饥荒年代做粮吃，现在吃得少
31	水竹	食用植物，吃竹笋　工艺用植物，用茎，建材用植物，用茎	刚发出为竹笋时可以炒着吃或做酸菜　竹子用于编筐、背笼等　建房子墙壁	潮湿的平地或山腰上的肥地长势好，喜成片生长	最适合做筛子，做粮仓的围墙比其他竹子防虫
32	蛮竹	食用植物，吃竹笋　工艺用植物，用茎，建材用植物，用茎	刚发出为竹笋时可以炒着吃或做酸菜　竹子用于编筐、背笼等　建房子墙壁	潮湿的平地或山腰上的肥地长势好，喜成片生长	硬度大，韧度好　做米挑用嫩一点的好一些
33	金竹	食用植物，吃竹笋　工艺用植物，用茎，建材用植物，用茎	刚发出为竹笋时可以炒着吃或做酸菜　竹子用于编筐、筷子等　建房子墙壁	潮湿的平地或山腰上的肥地长势好，喜成片生长	编箩筐用老的，做筷子用嫩的好

续　表

序号	名称	利用类别及部位	加工方式及特殊处理办法	分布环境特点	当地人评价
34	白竹	食用植物，吃竹笋　工艺用植物，用茎，建材用植物，用茎	刚发出为竹笋时可以炒着吃或做酸菜　竹子用于编筐、筷子等　建房子墙壁	潮湿的平地或山腰上的肥地长势好，喜成片生长	
35	酸枣树	建材用植物，用茎	砍伐后风干可用来建房、打家具	生长在岩石上，石地也可栽活	可以驯化
36	刺楸	建材用植物，用茎	砍伐后风干可用来建房、打家具	平地生长，山上难成活	木质疏松，不是一种好建材
37	苦谏	建材用植物，用茎	砍伐后风干可用来建房、打家具	平地、路旁有分布	枝干不直，不是一种好建材
38	木槿	建材用植物，用茎	一般用来做绿篱，砍枝	平地、路旁有分布	做篱笆既美观又围住了菜园
39	八角枫	建材、柴薪用植物，用地上部分	砍回家风干后做柴烧	山腰岩石缝中	长不大，长不高，最高2米，不超过手臂粗
40	野花椒	建材、柴薪用植物，用地上部分	砍回家风干后做柴烧	山坡、路旁常有分布	叶的味道麻麻的
41	紫竹树	建材、柴薪用植物，用全株	砍回家风干后做柴烧	分布较广	果实可以用来诱鸟
42	黄花蒿	建材、柴薪用植物，用全株	砍回家风干后做柴烧	平地、山坡常见	易燃，做引火材料最好
43	名不详	建材用植物，用茎	砍伐后风干可用来建房、打家具	平地、路旁有分布	当地乡民不知汉语名
44	名不详	建材用植物，用茎	砍伐后风干可用来建房、打家具	房前屋后的平地	当地乡民不知汉语名
45	裂叶荨麻	饲用植物，用全株	用刀收割后与米、玉米等一同煮成猪饲料	房前屋后的平地	皮肤碰上会有针刺的感觉

续 表

序号	名称	利用类别及部位	加工方式及特殊处理办法	分布环境特点	当地人评价
46	荞麦三七	饲用植物，用全株	可用生的喂猪也可煮熟后喂猪	一般分布在平地	人工扦插在玉米地里，是当地主要的猪饲料
47	白苞蒿	饲用植物，用全株	可用生的喂猪也可煮熟后喂猪	平地、路旁均有分布	较好的饲料以嫩叶为好
48	水麻	饲用植物，用全株	可用生的喂猪也可煮熟后喂猪，羊也喜欢吃	平地、路旁有分布	较好的饲料以嫩叶为好
49	石节芝	饲用植物，用全株	割回家直接喂牛、羊、马	山间、平地均有分布	嫩叶牛羊喜吃，叶黄则不吃
50	野草	饲用植物，用全株	可用生的喂猪、牛、羊、马，也可煮熟后喂猪	洼地、平地分布多，山坡少有	主要的饲料
51	饭包草	饲用植物，用全株	可用生的喂牛羊、马	路边常有	较好的饲料，越嫩越好
52	麦冬	饲用植物，用全株	可用生的喂猪也可煮熟后喂猪	平地、路旁有分布	较好的饲料，越嫩越好
53	野茼蒿	饲用植物，用全株	可用生的喂猪牛、羊，也可煮熟后喂猪	平地、路旁有分布	嫩时为菜，老时为饲料
54	名不详	饲用植物，用全株	可用生的喂猪牛、羊，也可煮熟后喂猪	平地、路旁有分布	嫩时为菜，老时为饲料
55	构皮树	饲用植物，用叶纤维植物，用皮	叶煮熟后喂猪	田边，山坡均有	用途很多，皮晒干后买，本地人不抽纤维
56	棕榈树	饲用植物，用叶纤维植物，用皮	叶喂羊，棕叶制绳子、编蓑衣、做扫把	山坡上稀疏分布，能长在石缝里，周围土壤较肥	要求土质肥沃，现在种的较少
57	鸡矢藤	纤维植物，用茎	将几根绞在一起，成一根做绳索	灌丛中分布较多	用来捆玉米较方便
58	苎麻	纤维植物，用皮	用小刀剥出表皮，再刮去青皮，直至纤维外露，晒干即可	山脚、山腰上有分布，山顶无	全株黄时刮纤维最好、最长

续　表

序号	名称	利用类别及部位	加工方式及特殊处理办法	分布环境特点	当地人评价
59	蓝靛草	染料植物，用叶	取绿叶泡烂，用石灰水沉淀得到蓝色染料，将棉纱等浸入染料水中染色	村寨边洼地	茎叶越老越好
60	笔管木	染料植物，用叶　仪式用植物，整株树	取绿叶泡烂，用石灰水沉淀得到蓝色染料，将棉纱等浸入染料水中染色　号寨组的神树	洼地有一株	大年初一号寨组在树前举行仪式保佑全年风调雨顺
61	神树（树种不详）	仪式用植物，整株树	牛角村开岩组的神树，干树枝做柴火	开岩组村寨的山腰上	当地的神树，苗年时，在树下杀猪祭祀，树下有土地庙
62	地构叶	玩具用，用果实	将其果粘到伙伴的衣服上	荒山、草坡有分布	7-8 月间果实成熟长粘裤脚
63	山苍子	工业用植物，用果实	8-9 月间果实成熟用来炼油	山坡灌丛中，常生于石缝中	
64	油桐	工业用植物，用种子	剥开外皮，用种子炼油	村寨附近	原来有大面积分布，后来油桐籽无人收购，树也被大量砍伐
65	女贞	工业用植物，用种子	果实成熟用来炼白蜡	平地分布较多	有人收购果实用来制白蜡，具体做法当地人不知
66	毛茛	药用植物，用根	将根洗净后放入口中嚼烂连渣吞入，治胃疼、拉肚子	山上	有时候中毒也吃
67	马鞭草科	药用植物，用根	将根洗净后放入口中嚼烂连渣吞入	山坡平地均有分布	冬季开花，白色，像棉花
68	一年蓬	药用植物，用根	将根洗净后放入口中嚼烂连渣吞入，治胃疼	丢荒地常有	是一种容易找到的药材

续 表

序号	名称	利用类别及部位	加工方式及特殊处理办法	分布环境特点	当地人评价
69	仙雀草	药用植物，用根	将根洗净，切成小片咀嚼成渣吞下，嫩叶锤成糊状，温水吞服	路旁及山坡荫蔽地有分布	叶嫩者为优
70	野艾蒿	药用植物，用根	将叶晒3、4天，干而不燥	丢荒地、路边常有分布	有人收购做药材
71	小白酒草	药用植物，用茎和叶	将茎叶洗净捶烂与其他草药和在一起包扎在无名肿痛处	丢荒地、玉米地常有大片生长	包扎时2-3小时换一次药
72	夜交藤	药用植物，用全株、茎	藤用刀割，根用锄头挖，藤与变态根均需晒干	山坡上较多	有一定的经济效益
73	百合科	药用植物，用叶	将叶捶碎后泡在苞谷酒里口服，治疗肚子胀，气不顺	个别人家栽在家中	种植在家中作为盆栽
74	苍耳	药用植物，用叶	与车前草等混合加水捶成糊状敷在疮及化脓口上	玉米地、山坡上均有分布	疮为蚊子叮咬所致的皮肤局部发肿起红斑等
75	青蒿	药用植物，用叶	采集大叶卷成筒状塞于流血鼻孔	山坡向阳地	选择的爷尽可能大
76	烟管头草	药用植物，用叶	与蓼科一种混合捶成糊状，与麻雀屎混合敷于冻疮上，一天一换至破裂	山坡、路边均有分布	两种植物的比例是1：1
77	四棱草	药用植物，用全株	全株洗净用文火煮，汤用来内服，渣用来擦洗伤口，并敷在伤口上，治疗跌打损伤	海拔较高的山上的岩缝中，较遮阴的石壁上	采摘株大、叶青绿的为佳
78	车前草	药用植物，用叶	与苍耳等混合加水捶成糊状敷在疮及化脓口上	玉米地、山坡上均有分布	疮为蚊子叮咬所致的皮肤局部发肿起红斑等

续　表

序号	名称	利用类别及部位	加工方式及特殊处理办法	分布环境特点	当地人评价
79	喜树	药用植物，用果实	果实可做药，也可作为观赏植物	山坡、地边都有分布	具体药用不清，该植物数量已大大减少
80	火石草	药用植物，用茎、叶	将茎叶入药可治肝炎，茎叶晒干，揉成毛状作为导火草	山上	是一种很好的导火草
81	五倍子	药用植物，用果实	果树成熟后，晒干，用冷水泡，取其汁水点豆腐，也用来作为捕鱼时使用的药料	山上	可驯化，点豆腐嫩而香
82	天南星	药用植物，用根	块状根烧熟后包于患处，可消肿	遮阴地	又名野魔芋
83	鬼针草	药用植物，用叶	将叶捶碎敷在伤口上即可止血	遮阴地	很好的止血药
84	药百合	药用植物，用茎	鳞茎可入药	山坡有分布	花很漂亮
85	苦荬菜	药用植物，用根、茎、叶	将叶子捣烂可消炎、止血	玉米地、刚丢荒的地	饥荒时期做菜吃，现在不常食用
86	野葱	药用植物，用全株	地下鳞茎可以用于治疗蚂蚁咬的肿疼	玉米地、水较充沛的地	黑蚂蚁蛰的肿块
87	贵州石仙桃	药用植物，用全株	收购新鲜叶株	海拔较高的山顶岩石上	具体药用不清
88	粗脉石仙桃	药用植物，用全株	收购新鲜叶株	山顶石隙下	具体药用不清
89	山莓	药用植物，用叶、果实	与其他几种药混合捶成糊状敷于断骨处，一天换一次药，直至痊愈	路边及山坡灌丛中	俗语：爬不上坡离不开矮坨坨，下不得山离不开吊竹兰，是一种好的接骨药
90	元宝草	药用植物，用叶	可入药	遮阴地	一般为当地医生掌握用途

续 表

序号	名称	利用类别及部位	加工方式及特殊处理办法	分布环境特点	当地人评价
91	山神树树脂	药用植物，用树脂	黑色胶状树脂治疗肚子疼	牛角开岩组山腰上	将树脂涂在小孩头上可保出门平安
92	石龙芮	药用植物，用花、果实	去花苞或果实用手挤出汁液滴在眼内可治疗眼内生白点和眼睛痛	村寨平地的林荫下	治疗眼内生白点和疼痛
93	卷柏	药用植物，用叶	将叶捶成粉末状，将粉末涂在流血的伤口上可止血	山坡的石缝中常见	止血，常用于茅草等割伤
94	绞股蓝	药用植物，用叶	与其他三种植物混合捶烂涂在红肿处	山坡、平地均有分布	叶老而大者为优
95	珠芽景天	药用植物，用茎、叶	将茎、叶捶烂敷在鸡的脚上，一般一次即可	阴暗、潮湿的地方，山坡上的树下都有	也可治疗鸭、鹅等动物
96	水龙骨科	药用植物，用叶	将茎、叶捶烂敷在肿痛处，可以用来消肿	灌丛、荫蔽处有分布	可治疗无名肿痛
97	虎耳草	药用植物，用叶	取叶背后的白色绒毛敷于伤口处，可止血	岩石壁的背阴处	白柔毛止血效果最佳
98	酢浆草	药用植物，用叶	将嫩叶捶碎和温水吞服，可治疗小孩昏迷	水分较多的地方	嫩叶为佳，水适量，暂时缓解昏迷
99	儿多母苦	药用植物，用茎	待植株晒干后卖出，可作为补药炖肉吃	平地及石缝中	放在通风处风干1、2个月
100	茜草科	药用植物，用叶	将嫩叶捶碎敷于割伤、刮伤处，可止血	山坡荫蔽地有分布	嫩叶为佳

共计：食用植物 34 种、药用植物 35 种、饲用植物 12 种、纤维植物 7种、建材植物 14 种、宗教仪式用植物 4 种、工业用植物 3 种、染料植物 2种、玩具用植物 1 种。

图 1　石头缝里长出的玉米

图 2　陡坡上的小米地

图 3　高度石漠化的抛荒玉米地

图 4　背柴回家

图 5　制作好的麻

图 6　峰从洼地底部的固定麻园

图 7 聚居在峰从洼地底部的麻山苗族村落

图 8 赶 集

图 9　宗地龙场（县域内最大的集贸市场）

图 10　佩带手镰的妇女

图 11　村民做手镰使用示范

图 12　储存粮食的传统圆仓

图 13　自己织的土布

图 14　有名的宗地竹编

参考文献

一、中文类

[1] A G 弗兰克. 白银资本——重视经济全球化中的东方[M]. 北京：中央编译出版社，2000.

[2] 〔日〕岸根卓郎. 环境论：人类最终的选择[M]. 何鉴，译. 南京：南京大学出版社，1999.

[3] 艾尔弗雷德·W. 克罗斯比. 生态扩张主义——欧洲 900—1900 年的生态扩张[M]. 沈阳：辽宁教育出版社，2001.

[4] 〔英〕安德鲁·韦伯斯特. 发展社会学[M]. 陈一筠，译. 北京：华夏出版社，1987.

[5] （南非）保罗·西利亚斯. 复杂性与后现代主义——理解复杂系统[M]. 曾国屏，译. 上海：世纪出版集团，2006.

[6] 〔美〕彼德·休伯. 硬绿：从环境主义者手中拯救环境·保守主义宣言[M]. 戴星翼，译. 上海：上海译文出版社，2002.

[7] 〔美〕比尔·麦克基本. 自然的终结[M]. 孙晓春，马树林，译. 长春：吉林人民出版社，2000.

[8] （加）布鲁斯·米切尔. 资源与环境管理[M]. 商务印书馆，2004.

[9] 〔美〕查尔斯·哈珀. 环境与社会——环境问题中的人文视野[M]. 肖晨阳，等，译. 天津：天津人民出版社，1998.

[10] 陈庆德，等. 发展人类学[M]. 昆明：云南大学出版社，2001.

[11] 陈庆德，等. 人类学的理论预设与建构[M]. 北京：社会科学文献出版社，2006.

[12] 丹尼尔·A. 科尔曼. 生态政治：建设一个绿色社会[M]. 梅俊杰，译. 上海：上海译文出版社，2002.

[13] （美）丹尼斯·米都斯，等. 增长的极限——罗马俱乐部关于人类困境的报告[M]. 李宝恒，译. 长春：吉林人民出版社，1997.

[14] 〔日〕饭岛伸子. 环境社会学[M]. 包智明，译. 北京：社会科学文献

出版社，1999.

[15] 裴盛基，龙春林. 民族植物学手册[M]. 昆明：云南民族出版社，1998.

[16] 裴盛基，龙春林. 应用民族植物学[M]. 昆明：云南民族出版社，1998.

[17] 古川久雄，尹绍亭. 民族生态——从金沙江到红河[M]. 昆明：云南教育出版社，2003.

[18] 国际行动援助中国办公室. 保护创新的源泉：中国西南地区传统知识保护现状调研与社区行动案例集[M]. 北京：知识产权出版社，2007.

[19] 贵州通史编委会. 贵州通史[M]. 北京：当代中国出版社，2002.

[20] 贵州苗学会. 苗学研究（三）[M]. 贵阳：贵州人民出版社，1994.

[21] 〔美〕古塔·弗格森. 人类学定位：田野科学的界限与基础[M]. 北京：华夏出版社，2005.

[22] 洪大用. 社会变迁与环境问题[M]. 北京：首都师范大学出版社，2001.

[23] （美）贾雷德·戴蒙德. 枪炮、病菌与钢铁——人类社会的命运[M]. 谢延光，译. 上海：上海译文出版社，2000.

[24] 金耀基. 从传统到现代[M]. 北京：中国人民大学出版社，1999.

[25] 〔美〕克利福德·吉尔兹. 地方性知识——阐释人类学论文集[M]. 王海龙，张家瑄，译. 北京：中央编译出版社，2000.

[26] （英）凯·米尔顿. 环境决定论与文化理论：对环境话语中的人类学角色的探讨[M]. 袁同凯，译. 北京：民族出版社，2007.

[27] （法）拉巴·拉马尔，让-皮埃尔·里博. 多元文化视野中的土壤与社会[M]. 北京：商务印书馆，2005.

[28] 李青. 石灰岩地区开发与治理[M]. 贵阳：贵州人民出版社，1996.

[29] 李晓云. 谁是农村发展的主体[M]. 北京：中国农业出版社，1999.

[30] 刘燕华，李秀彬. 脆弱生态环境与可持续发展[M]. 北京：商务印书馆，2001.

[31] 刘燕华. 脆弱生态环境问题初探：生态环境综合整治和恢复技术研究[M]. 北京：科学技术出版社，1993.

[32] 〔美〕蕾切尔·卡逊. 寂静的春天[M]. 吕瑞兰，李长生，译. 长春：吉林人民出版社.1997.

[33] 罗钰. 云南物质文化·采集渔猎卷[M]. 昆明：云南教育出版社，1996.

[34] 罗康隆，黄贻修. 发展的代价——中国少数民族发展问题研究[M]. 北京：民族出版社，2006.

[35] 马戎，周星. 二十一世纪：文化自觉与跨文化对话（二）[M]. 北京

大学出版社，2001.

[36]　迈克尔·波伦. 植物的欲望——植物眼中的世界[M]. 王毅，译. 上海：上海人民出版社，2003.

[37]　麦克尔·赫兹菲尔德. 什么是人类常识：社会和人类领域中的人类学理论和实践[M]. 北京：华夏出版社，2005.

[38]　梅雪芹. 环境史学与环境问题[M]. 北京：人民出版社，2004.

[39]　彭慕兰. 大分流：欧洲、中国及现代世界经济的发展[M]. 南京：江苏人民出版社，2003.

[40]　〔美〕乔治·E. 马尔库斯，米开尔 M J 费彻尔. 作为文化批评的人类学——一个人文学科的实验时代[M]. 王铭铭，蓝达居，译. 上海：三联书店，1998.

[41]　秋道智弥，等. 生态人类学[M]. 范广融，尹绍亭，译. 昆明：云南大学出版社，2006.

[42]　〔法〕R·舍普，等. 非正规科学——从大众化知识到人种科学[M]. 万伏，等，译. 上海：三联书店，2000.

[43]　陶传进. 环境治理：以社区为基础[M]. 北京：社会科学文献出版社，2005.

[44]　王筑生. 人类学与西南民族[M]. 昆明：云南大学出版社，1998.

[45]　王清华. 梯田文化论——哈尼族生态农业[M]. 昆明：云南大学出版社，2000.

[46]　西奥多·W. 舒尔茨. 改造传统农业[M]. 梁小民，译. 北京：商务印书馆，2007.

[47]　谢家雍. 西南石漠化与生态重建[M]. 贵阳：贵州民族出版社，2001.

[48]　熊康宁. 喀斯特石漠化的遥感:GIS 典型研究:以贵州省为例[M]. 北京：地质出版社，2002.

[49]　许宝强，汪晖. 发展的幻像[M]. 北京：中央编译出版社，2001.

[50]　许建初. 中国西南民族社区资源管理的变化动态[M]. 昆明：云南科技出版社，2004.

[51]　许建初. 中国西南生物资源管理的社会文化研究[M]. 昆明：云南科技出版社，2001.

[52]　徐新建. 西南研究论[M]. 昆明：云南教育出版社，1992.

[53]　晏路明. 人类发展与生存环境[M]. 北京：中国环境科学出版社，2001.

[54]　杨庭硕. 人群代码的历时过程——以苗族族名为例[M]. 贵阳：贵州人民出版社，1998.

[55]　杨庭硕，等. 生态人类学导论[M]. 北京：民族出版社，2006.

[56]　杨庭硕，吕永峰. 人类的根基——生态人类学视野中的水土资源[M].
　　　　昆明：云南大学出版社，2004.

[57]　杨庭硕，潘盛之. 百苗图抄本汇编[M]. 贵阳：贵州人民出版社，2004.

[58]　杨继红，王庆. 中国试验区——科学发展观的冶炼炉[M]. 北京：社
　　　　会科学文献出版社，2005.

[59]　尹绍亭. 云南刀耕火种志[M]. 昆明：云南人民出版社，1990.

[60]　尹绍亭. 一个充满争议的文化生态体系[M]. 昆明：云南人民出版社，
　　　　1991.

[61]　尹绍亭. 文化生态与物质文化（杂文篇）[M]. 昆明：云南大学出版
　　　　社，2007.

[62]　尹绍亭. 人类学生态环境史研究[M]. 北京：中国社会科学出版社，
　　　　2006.

[63]　尹绍亭. 人与森林——生态人类学视野中的刀耕火种[M]. 昆明：云
　　　　南教育出版社，2000.

[64]　尹绍亭，等. 雨林啊，胶林[M]. 昆明：云南教育出版社，2003.

[65]　余谋昌. 生态哲学[M]. 西安：陕西人民教育出版社，2000.

[66]　袁道先. 中国岩溶学[M]. 北京：地质出版社，1993.

[67]　〔德〕约阿希姆·拉德卡. 自然与权力——世界环境史[M]. 王国豫，
　　　　付天海，译. 保定：河北大学出版社，2004.

[68]　张志良. 开发扶贫与环境移民[M]. 上海：华东师范大学出版社，1996.

[69]　张肖梅. 贵州经济[M]. 中国国民经济研究所，1939.

[70]　（美国）詹姆斯·C. 斯科特. 农民的道义经济学：东南亚的反叛与
　　　　生存[M]. 程立显，等，译. 南京：译林出版社，2001.

[71]　〔美〕詹姆斯·奥康纳. 自然的理由——生态学马克思主义研究[M].
　　　　唐正东，藏佩洪，译. 南京：南京大学出版社，2003.

[72]　（美）詹姆斯·C. 斯科特. 国家的视角——那些试图改善人类状况的
　　　　项目是如何失败的[M]. 北京：社会科学文献出版社，2004.

[73]　赵跃龙. 中国脆弱生态环境类型分布及其综合整治[M]. 北京：中国
　　　　环境科学出版社，1999.

[74]　紫云苗族布依族自治县概况编写组，修订本编写组. 紫云苗族布依
　　　　族自治县概况[M]. 贵阳：民族出版社，2007.

[75]　紫云苗族布依族自治县县志编纂委员会. 紫云苗族布依族自治县县
　　　　志[M]. 贵阳：贵州人民出版社，1991.

[76] 中国社会科学杂志社. 人类学的趋势[M]. 北京：社会科学文献出版社，2000.

[77] 周鸿. 人类生态学[M]. 北京：高等教育出版社，2001.

[78] [宋]周去非. 岭外代答[M]. 屠有祥，校注. 上海：上海远东出版社，1996.

[79] （日）祖田修. 农学原理[M]. 张玉林，译. 北京：中国人民大学出版社，2003.

[80] 阿伦·阿格拉瓦尔，郭建业. 本土知识与分类战略[J]. 国际社会科学杂志（中文版），2003（3）.

[81] 阿伦·阿格拉瓦尔，纪苏. 引言：提倡不确定性[J]. 国际社会科学杂志（中文版），2003（3）.

[82] 阿图罗·埃斯科瓦尔. 人类学与发展[J]. 国际社会科学杂志（中文版），1998（4）.

[83] 柏贵喜. 乡土知识及其利用与保护[J]. 中南民族大学学报（人文社会科学版），2006（1）.

[84] 陈勇，陈国阶，王益谦. 山区人口与环境互动关系的初步研究[J]. 地理科学，2002（3）.

[85] 陈起伟，贵州喀斯特石漠化的人为因素分析[J] .贵州教育学院学报（自然科学版），2006（2）.

[86] 陈建庚，朱富寿，赵翠薇，龙拥军. 贵州喀斯特贫困山区（麻山）可持续发展研究——以长顺县板床村为例[J]. 贵州科学，2003（Z1）.

[87] 陈心林. 生态人类学及其在中国的发展[J]. 青海民族研究，2005（1）.

[88] 蔡运龙. 退化土地的生态重建：社会工程途径[J]. 地理科学，1999（3）.

[89] 崔明昆. 文明演进中环境问题的生态人类学透视[J]. 云南师范大学学报（哲学社会科学版），2001（4）.

[90] 崔明昆. 云南新平花腰傣野菜采集的生态人类学研究[J]. 吉首大学学报（社会科学版），2004（4）.

[91] 大卫·C. 霍克斯，周子平. 原住民：自治和政府间关系[J]. 国际社会科学杂志（中文版），2002（1）.

[92] 大卫·杜牧林，黄觉. 以墨西哥为例看跨国非政府组织网络对本土知识的态度[J]. 国际社会科学杂志（中文版），2004（4）.

[93] D M 维拉瓦蒂·苏哈诺，克劳迪内·弗列德贝格，梁华. 资源管理问题：非政府组织与有关印度尼西亚地方自治的新法律框架[J]. 国际社会科学杂志（中文版），2004（4）.

[94] 邓辉. 卡尔·苏尔的文化生态学理论与实践[J]. 地理研究，2003（5）.

[95]　但新球，喻苏，吴协保．我国石漠化地区生态移民与人口控制的探讨[J]．中南林业调查规划，2004（4）．

[96]　董恒秋，赵丛礼．岩溶区域消除贫困的实践效应与策略思路[J]．农业经济问题，1996（7）．

[97]　弗洛伦斯·品顿，黄觉．传统知识与巴西亚马孙流域生物多样性地区[J]．国际社会科学杂志（中文版），2004（4）．

[98]　高燕．西部地区贫困与经济可持续发展[J]．云南师范大学学报（哲学社会科学版），2003（1）．

[99]　葛全生，等．中国环境脆弱带特征研究[J]．地理新论，1990（2）．

[100]　郭家骥．生态环境与云南藏族的文化适应[J]．民族研究，2003（1）．

[101]　韩昭庆．雍正王朝在贵州的开发对贵州石漠化的影响[J]．复旦大学学报（社会科学版），2006（2）．

[102]　何培忠．人类生态学的研究与发展[J]．国外社会科学，1994（2）．

[103]　胡修卓，罗玉平，李水花．脆弱生态环境的保护、整治及修复策略[J]．河南气象，2006（4）．

[104]　黄育馥．20世纪兴起的跨学科研究领域——文化生态学[J]．国外社会科学，1999（6）．

[105]　凯·米尔顿．多种生态学：人类学，文化与环境[J]．国际社会科学杂志，1998（4）．

[106]　李先琨，何成新，蒋忠诚．岩溶脆弱生态区生态恢复、重建的原理与方法[J]．中国岩溶，2003（1）．

[107]　李霞．生态人类学的产生和发展[J]．国外社会科学，2000（6）．

[108]　李霞．文化人类学的一门分支学科：生态人类学[J]．民族研究，2000（5）．

[109]　李阳兵，王世杰，容丽，等．西南岩溶山区生态危机与反贫困的可持续发展文化反思[J]．地理科学，2004（2）．

[110]　李阳兵，王世杰，容丽．关于中国西南石漠化的若干问题[J]．长江流域资源与环境，2003（6）．

[111]　李周，等．生态敏感地带与贫困地区的相关性研究[J]．农村经济与社会，1994（5）．

[112]　李彬．中国南方岩溶区环境脆弱性及其经济发展滞后原因浅析[J]．中国岩溶，1995（3）．

[113]　李亦秋，等．喀斯特石漠化地区参与式农村社区发展问题——以贵州花江示范区"顶坛"模式为例[J]．贵州师范大学学报（自然科学版），2004（2）．

[114] 连连. 文化现代化的困境与地方性知识的实践[J]. 学海，2004（3）.

[115] 刘舜青，赖力. 苗族传统知识在山林管理中的运用和发展初探——以屯上苗寨为例[J]. 贵州民族研究，2003（3）.

[116] 冷疏影，刘燕华. 中国脆弱生态区可持续发展指标体系框架设计[J]. 中国人口·资源与环境，1999（2）.

[117] 理查德·韦尔克. 经济、生态人类学与消费文化研究[J]. 广西民族学院学报（哲学社会科学版），2005（6）.

[118] 刘源. 文化生存与生态保护：以长江源头唐乡为例[J]. 广西民族学院学报（哲学社会科学版），2004（4）.

[119] 罗柳宁. 生态环境变迁与文化调适：以广西矮山村壮族为例[J]. 广西民族学院学报（哲学社会科学版），2004（S1）.

[120] 骆建建，马海逮. 斯图尔德及其文化生态学理论[J]. 文山师范高等专科学校学报，2005（2）.

[121] 龙春林，李恒，周翊兰，刀志灵，阿部卓. 高黎贡山地区民族植物学的初步研究Ⅱ独龙族[J]. 云南植物研究，1999.

[122] 马国君. 布努瑶石化山区资源利用的困境及对策分析[J]. 吉首大学学报（社会科学版），2004（4）.

[123] 马文瀚. 贵州喀斯特脆弱生态环境的可持续发展[J]. 贵州师范大学学报（自然科学版），2003（2）.

[124] 马晓琴，杨德亮. 地方性知识与区域生态环境保护——以青海藏区习惯法为例[J]. 青海社会科学，2006（2）.

[125] 玛加丽塔·塞尔吉，王星. 马洛卡与巴拉康：哥伦比亚亚马孙地区的传统、生物多样性和参与[J]. 国际社会科学杂志（中文版），2004（4）.

[126] 玛丽·鲁埃，黄纪苏. 非政府组织、原住民与当地知识：生物多样性论坛上的权力话题[J]. 国际社会科学杂志（中文版），2004（4）.

[127] 玛利·鲁埃，道格拉斯·中岛，项龙. 知识与远见：传统知识的预见能力与环境评估[J]. 国际社会科学杂志（中文版），2003（3）.

[128] 迈克尔·R. 达夫，项龙. 亚洲小佃农的混合历史和土著知识[J]. 国际社会科学杂志（中文版），2003（3）.

[129] 曼苏尔·沙赫韦里，基马斯·扎拉菲西阿尼，黄照静. 作为元认知手段的 PRA 技巧用于发展本土知识：个案研究[J]. 国际社会科学杂志（中文版），2003（3）.

[130] 梅丽莎·李奇，詹姆斯·费厄海德，黄觉. 对垒的知识体系：西非和加勒比海地区的"公民科学"与"本土知识"[J]. 国际社会科学

杂志（中文版），2003（3）.

[131] 梅再美. 贵州喀斯特脆弱生态区退耕还林还草与节水型混农林业发展的途径探讨[J]. 中国岩溶，2003（4）.

[132] 孟召宜. 文化观念与区域可持续发展[J]. 人文地理，2002（2）.

[133] 牛锋. 试论民族生态学与可持续发展问题[J]. 兰州大学学报（社会科学版），1999（2）.

[134] 尼尔·罗伯茨，王寅通. 人类对地表的改变[J]. 国际社会科学杂志（中文版），1997（4）.

[135] 钱箭星. 原始部落的生态平衡——一个生态人类学的视角[J]. 思想战线，2000（2）.

[136] 秦红增. 人类学视野中的技术观[J]. 广西民族学院学报（自然科学版），2004（2）.

[137] 曲正伟，杨树峰. 知识观念的变革与高校教学价值观的定位[J]. 江苏高教，2003（5）.

[138] 冉圣宏，毛显强. 典型脆弱生态区的稳定性与可持续农业发展[J]. 中国人口·资源与环境，2000（2）.

[139] 冉圣宏，金建君，薛纪渝. 脆弱生态区评价的理论与方法[J]. 自然资源学报，2002（1）.

[140] 冉圣宏，金建君，曾思育. 脆弱生态区类型划分及其脆弱特征分析[J]. 中国人口·资源与环境，2001（4）.

[141] 冉圣宏，曾思育，薛纪渝. 脆弱生态区适度经济开发的评价与调控[J]. 干旱区资源与环境，2002（3）.

[142] 冉圣宏，陈吉宁，曾思育，薛纪渝. 中国北方脆弱生态区在人类活动影响下的演化及其调控[J]. 农业环境保护，2002（5）.

[143] 冉圣宏，唐国平，薛纪渝. 全球变化对我国脆弱生态区经济开发的影响[J]. 资源科学，2001（3）.

[144] 冉景丞. 贵州喀斯特生态环境与可持续发展探讨[J]. 林业资源管理，2002（6）.

[145] 任国英. 生态人类学的主要理论及其发展[J]. 黑龙江民族丛刊，2004（5）.

[146] 盛晓明. 地方性知识的构造[J]. 哲学研究，2000（12）.

[147] 史德明，梁音. 我国脆弱生态环境的评估与保护[J]. 水土保持学报，2002（1）.

[148] [美]斯图尔德 J H. 文化生态学的概念和方法[J]. 民族译丛，1983（6）.

[149] 斯万·欧维·汉森，刘北成. 知识社会中的不确定性[J]. 国际社会科学杂志（中文版），2003（1）.

[150] 宋蜀华. 人类学研究与中国民族生态环境和传统文化的关系[J]. 中央民族大学学报（哲学社会科学版），1996（4）.

[151] 苏维词，等. 贵州喀斯特石漠化危害与生态经济防治对策[J]. 中国岩溶，2002（3）.

[152] 苏维词. 中国西南岩溶山区石漠化的现状成因及治理的优化模式[J]. 水土保持学报，2002（2）.

[153] 唐永亮，西部民族地区生态建设之误区解读与对策分析[J]. 中南民族大学学报（人文社会科学版），2004（6）.

[154] 王海泽，张嘉治，刘辉，王绍斌. 生态脆弱区及其恢复技术[J]. 杂粮作物，2002（4）.

[155] 王德炉，朱守谦，黄宝龙. 石漠化的概念及其内涵[J]. 南京林业大学学报（自然科学版），2004（6）.

[156] 王华，赖庆奎. 参与式方法在喀斯特石漠化综合防治规划中的应用[J]. 贵州农业科学，2007（1）.

[157] 吴国盛. 豁出"生存"搞"发展"[J]. 读书，1999（2）.

[158] 肖琳. 作为地方性知识的法律——读格尔兹的《地方性知识》[J]. 西北民族研究，2007（1）.

[159] 谢林淙. 道德：可持续发展的价值基础[J]. 浙江大学学报（哲学社会科学版），2000（2）.

[160] 休·拉弗勒斯，陈厮. 亲密知识[J]. 国际社会科学杂志（中文版），2003（3）.

[161] 游俊，田红. 论地方性知识在脆弱生态系统维护中的价值——以石灰岩山区"石漠化"生态救治为例[J]. 吉首大学学报（社会科学版），2007（2）.

[162] 杨庭硕. 生态维护之文化剖析[J]. 贵州民族研究，2003（1）.

[163] 杨庭硕. 论地方性知识的生态价值[J]. 吉首大学学报（社会科学版），2004（3）.

[164] 杨庭硕. 地方性知识的扭曲、缺失和复原——以中国西南地区的三个少数民族为例[J]. 吉首大学学报（社会科学版），2005（2）.

[165] 杨庭硕. 苗族生态知识在石漠化灾变救治中的价值，广西民族大学学报，2007（3）.

[166] 杨勤业，等. 黄河中游地区环境脆弱形势[J]. 云南地理环境研究，1994（1）.

[167] 杨勤业，等. 中国的环境脆弱形势和危急区域[J]. 地理研究，1992（4）.

[168] 叶舒宪. 地方性知识[J]. 读书，2001（5）.

[169] 钟年，李鸿文. 人类学关于环境与生活类型的研究[J]. 广西民族研究，2001（1）.

[170] 曾艳华，陈少军，黄世杰. 西南石山区生态保护与农业可持续发展战略探讨[J]. 发展战略，2003（9）.

[171] 赵跃龙，刘燕华. 脆弱生态环境与农业现代化的关系[J]. 云南地理环境研究，1995（2）.

[172] 赵跃龙，刘燕华. 中国脆弱生态环境类型划分及其范围确定[J]. 云南地理环境研究，1994（2）.

[173] 赵跃龙，张玲娟. 脆弱生态环境定量评价方法的研究[J]. 地理科学进展，1998（1）.

[174] 张佩芳，徐旌，周贵荣. 滇南山区多元民族文化下的土地利用与可持续发展[J]. 人文地理，2001（1）.

[175] 中国科学院地学部. 西南岩溶石山地区持续发展与科技脱贫咨询建议[J]. 地球科学进展，1995（10）.

[176] 庄孔韶. 重建族群生态系统——技术支持与文化自救——广西、云南的两个应用人类学个案[J]. 甘肃理论学刊，2007（4）.

[177] 茱利·韦塔亚基，翟玉忠. 利用土著知识：斐济实例[J]. 国际社会科学杂志（中文版），2003（3）.

[178] 张雷，刘慧. 中国国家资源环境安全问题初探[J]. 中国人口·资源与环境，2002（1）.

二、英文类

[1] ALAN BICKER，PAUL SILLITOE，JOHAN POTTIER，（eds）. Development and Local Knowledge: New appeoaches to issues in natural management, conservvation and agriculture, Routledge 2 Park Square, Milton Park, Abingdon, Oxon, 2004.

[2] BIRD-DAVID N. Beyond "the original affluent society": a culturalist reformulation, Current Anthropology 33, 1992.

[3] CLIFFORD GEERTS. Agriculture Evolusion, University of California, 1963.

[4] EMILLIO F. Moran: Human Adaptability: An Introduction to Ecological Anthropology, Westview Press, 1982.

[5]   ENE N ANDERSON. Ecology of the Heart—Emotion, Believe, and the Environment. Oxford University Press, 1996.

[6]   ECKHOLM E P. The Deterioration of Mountain Environments. Science J, 189 4205: 764-770.

[7]   INGOLD T. The Appropriation of Nature: Essaya on Human Ecology and Social Relationa, Manchester University Press, 1986.

[8]   K MILTON (ED.) . Environmentalism: The view from Anthropology, London and New York: Routledge, 1993.

[9]   MARK ELVIN. The Pattern of the Chinese Past California Stanford University Press, 1973.

[10]   MARK ELVIN. The retreat of the elephants: An Environmental History of China. London Yale U niversity Press, 2004.

[11]   PAUL SILLITOE, Alan Bicker, Johan Pottier (EDS) . Partcipating in Development, Routledge 11 New Fetter Lane, London, 2002.

[12]   ROY ELLEN. Environment, Subsistence and System, Cambridge University Press, 1991.

[13]   SHIVA V. Monocultures of the Mind: Perspectives on Biodiversity and Biotechnology, London: Zed Books, 1993.

[14]   SCOTT J C. SeeingLike a State: How Certain Schemes to Improve the Human Condition Have Failed M. New Haven: Yale University Press, 1998.

[15]   STEVENS S, DELACY T. Conservation through Cultural Survival: Indigenous Peoples and Protected Areas M. Washington, D. C.: Island Press, 1997.

[16]   STAN STEVENS EDS. Conservation Through Cultural Survival: Indigenous Peoples and Protected Areas. Washington DC: Island Press, 1997.

[17]   VIRGINIA D NAZAREA (ED) . Ethnoecology—Situated Knowledge/ Located Lives, The University of Arizona Press Tucson, 1999.

后 记

从本科到博士，一直念的是民族学，但是，每每被人问及现在具体从事
什么专业，总是不能脱口而出。仔细想起来，这可能是所有尝试进行交叉学
科和边缘学科的学习、摸索的研究者都会遇到的小尴尬吧。

最初接触到生态人类学，是在杨庭硕教授指导下做贵州清朝典籍"百苗
图"系列丛书时。一些起初看上去非常奇特的习俗，比如打牙、穴居、刀耕
火种，一旦放置到当时的自然生态背景中，立刻变得顺理成章。对它们的阐
释涉及自然科学的许多相关知识，让我这个从小热爱科学的文科生神往不已。

跟随云南大学尹绍亭教授学习生态人类学之后，对于如何选择适当的
博士论文主题，也是几经周折。面对这个文化严重流失，甚至需要民族学
院的学生去教当地人吹奏芦笙的峰丛洼地，面对这个世界上最集中连片的
石漠化地区，我的确也担心犹豫。但是，当世界眩晕于黔东南千户苗寨、
苗族银饰的光环下，田野经历中那些被忽视的耕作方式，昏暗的灯光下劳
作归来围坐聚餐的满满一屋子苗族村民简朴的生活态度，总是在心中挥之
不去。在杨庭硕、袁鼎生教授的鼓励下，经过和导师的反复讨论，终于下
定决心选择石漠化地区做田野调查，从文化的角度为石漠化地区的建设贡
献一份微薄的力量。

初识石漠化，从金沙县平坝乡八一村开始。我们一群学生于 2004 年 8
月在种树能手杨明生老人创办的"高原营林生产合作社"做调查、做访谈、
测样方，比较用本土办法种的地块和自然生长的地块，一次又一次地争论：
现代科学为什么种不出来参天大树，而本土办法却可以？2005 年，在参加"云
南亚热带季风区生态环境史研究"课题的项目培训与调查的过程中，我初步
掌握了环境史的研究方法，在联合培养导师袁鼎生的课堂上，我掌握了生态
哲学的思维方式；借着 2007 年参加福特基金会课题"中国西部各民族地方性
生态知识发掘、传承、推广及利用研究"子课题的机会，我在麻山腹地考察
了 1 个月，同时使用收集标本、测量田块、村民参与评估和人类学访谈的研
究手段收集资料。石漠化三个字背后的多层意味，是在乡野的汗水和跋涉，

口干舌燥和小米酒的芳香中逐步领教的。田野调查之后，我回到学校，在文献阅读以及与不同人的交谈中，逐渐感悟到人类学研究"相见时难别亦难，东风无力百花残"的意境。在文化和环境的多重制约下，要找到一条道路，既不同于单纯的工程救治，又不停留在本土办法的恪守传统，确实很难很难……。

一路走来，感悟很多，正如导师尹绍亭教授指出的，麻山只能算一个初步的个案，如果能有更深入丰富的调查，更长时间的积淀，更多的对比研究就更好了。这本书，只能算是交了一份未完成的答卷，石头世界的故事才翻开第一页。

虽然不擅长说谢谢，但仍然要感谢很多人。

感谢导师尹绍亭教授。从硕士阶段我就随尹老师学习人类学，一晃6年过去了。在学习过程中，老师严格要求，给予了我许许多多的指导、鼓励和包容。在论文的选题和写作过程中，老师不厌其烦地一次次与我讨论，使我获益良多，并逐渐感悟到生态人类学研究的魅力与乐趣。

感谢云南大学的王文光教授、陈庆德教授、钱宁教授、方铁教授、瞿明安教授、杨慧教授，云南社会科学院的郭家骥教授、郑晓云教授、郭净研究员，广西民族大学的袁鼎生教授，他们在我的博士论文的选题和开题论证以及写作阶段提出了很好的建议，提供了切实的帮助。感谢学长崔明昆教授和郑寒博士的鞭策、鼓励与帮助。感谢我的家人，是他们容忍了我写作阶段的坏脾气，并给了我有力的支持和依靠。

感谢贵州民族学院的领导和同仁，给了我充分的时间完成博士阶段的学习和研修任务。感谢杨庭硕教授提供的研究机会、经费支持和长期的指导帮助，使得我顺利完成田野调查。感谢参与田野调查的颜丽华、班由科、王华、田红、贺乐、黄平、喻恒江、兰加松，正是他们的加入才拓宽了调查资料的获取途径。感谢田野调查中给我提供了帮助的机构和个人，感谢贵州省扶贫办、紫云县政府、紫云县农办、紫云宣传部与宗地乡的领导和同志，感谢龙尚进、罗芬、胡春华、杨光明、梁正明、陈仕荣，正是他们无私地和我们分享了当地的传统知识，才推动了田野调查的顺利开展，给了我书写石头世界的故事的勇气和动力。

杜 薇

2011 年 6 月